KB265834

혼밥에 반하다

상상하던 그 이상

혼밥에 반하다

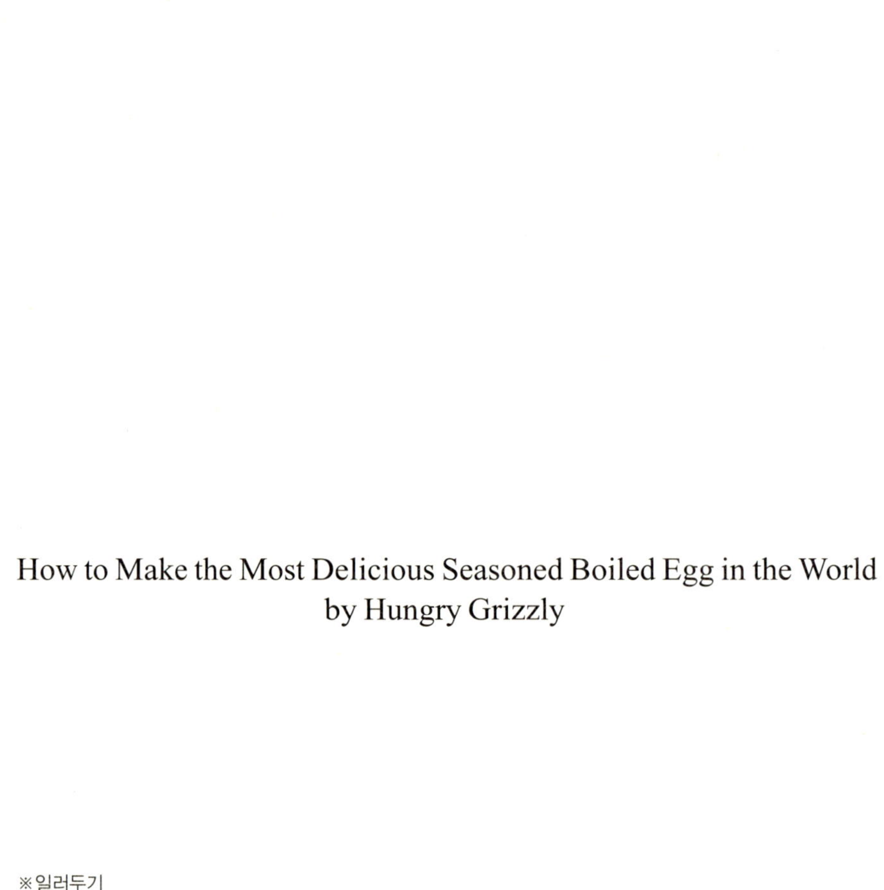

How to Make the Most Delicious Seasoned Boiled Egg in the World
by Hungry Grizzly

※일러두기
각 Chapter Tip과 뒤쪽 Plus One은 일본판에는 없는 본사에서 독자들의 편의를 위해 제작한 내용입니다.

상상하던 그 이상

혼밥에 반하다

지은이 **Hungry Grizzly** · 옮긴이 **송수진**

북플러스

혼자 사는 시대

'자녀 유학이나 지방 근무지 발령으로 가족과 떨어져 혼자 밥 먹는 기러기 아빠', '남편이 직장 모임이 있어 혼자 밥을 먹어야 하는 주부들' '독립을 선언하고 혼자 집을 나와 사는 독신 남녀들', '나이 들어 혼자 된 독거 어른들' 등 여러 가지 사정으로 혼자서 밥 먹을 경우가 의외로 많다. 이 책은 혼자서 밥 먹는 시간을 즐겁고 맛있는 시간으로 만들어줄 책이다.

나는 혼자서 밥 먹는 날이 굉장히 많다. 먹고 싶은 요리가 생각나면 바로 만들어서, 먹고 싶은 만큼 먹으며 기분 좋게 음식 만드는 것을 즐기고 있다. 지금은 혼자서 밥 먹는 시간을 즐기고 있지만 나도 처음에는 굉장히 힘들었다. 참고할 만한 레시피 책들은 2~4인분을 기준으로 나와 있는데다가 재료와 조리 과정이 복잡했기 때문이다. 요리 책을 보다가 맛있겠다 싶어 도전해 보면 구하기 어려운 재료가 나와 엄두가 나지 않았다. 그렇다고 매번 재료를 1인분으로 계산해 보는 것도 만만치 않았다.

비싸고 손이 많이 가면 맛있는 게 당연하겠지만 "좀 더 쉽고 값싸게 만들 수 있는, 그리고 맛도 있는 요리야말로 혼자 밥 먹는 사람들에게 꼭 필요한 조건이 아닐까?" "그런 요리만 모아놓은 공간이 있으면 좋겠다."
이런저런 고민 끝에 요리 블로그를 개설하게 되었다. 대체할 수 있는 식재료나 시판 조미료를 활용하고, 조리 과정을 연구해 가성비를 높였다.

음식 만들기가 싫어지는 주원인은 '잘 알지 못하는 비싼 식재료'가 필요할 때이다. 그런 요리는 전부 뺐다. 식재료는 가까운 슈퍼에서 구입할 수 있는 것으로 했다. 만드는 과정도 가능한 한 심플하게 했다. 요리 초보자의 최대 적인 '적당히'나 '조금' 같은 애매한 표기는 일체 사용하지 않았다. 아무리 적은 분량이라도 재료의 양을 구체적으로 표기하여 만드는 데 어려움이 없게 했다.
'100명이 만들어도 100명 모두 맛있게 먹고, 만들 수도 있는 레시피를 소개해야지!'라는 생각으로 무작정 열정과 의욕만 갖고 블로그를 운영한 결과, '배고픈 그리즐리 요리 블로그'는 감사하게도 굉장한 호평을 받으며 레시피 책으로도 출판되었고, 2017년 9월에는 일본에서 개최되는 제4회 오늘의 요리 레시피 책 부문〈대상〉까지 받게 되는 행운을 얻었다.

책이라는 형태로 세상에 나온 이상 정말 사람들에게 필요한 요리책이 되길 바라는 마음으로 레시피를 엄선하였고, 블로그 미공개 레시피도 실었다. 그 결과 요리 블로그를 통해 익힌 노하우를 전부 쏟아 부은 한 권의 요리책이 완성된 셈이다.

이 책에 수록된 레시피는 블로그에서 매우 인기 있었던 100가지 레시피로서 기본안주, 반찬, 면류, 밥, 과자 그리고 블로그 미공개 일품요리까지 다양하다. 실용적인 책이 되기를 바란다.

등장하는 레시피로

- 세상에서 가장 맛있는 파스타 삶는 법
- 세상에서 가장 맛있는 토마토 소스 만드는 법
- 세상에서 가장 맛있는 삶은 계란 만들기
- 세상에서 가장 맛있는 버터 치킨카레 만들기
- 전설의 계란 덮밥
- 돈이 한 푼도 안 드는 식빵 테두리로 만든 과자
- 키친타월에 국수장국을 부어 조미료 대폭 절약 외
  총 100가지 레시피 !!!

이 책을 통해 혼자 생활하는 사람은 물론 그렇지 않은 사람도 혼자서 밥 먹는 시간이 기다려질 정도로 즐거운 시간이 되길 바란다.

Hungry Grizzly

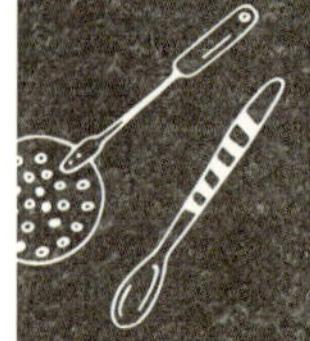

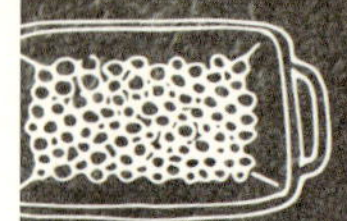

CHAPTER 09

CHAPTER 10

★★ 큰술, 작은술에 대해

- 1큰술=15㎖
- 1작은술=5㎖
- 1컵=200ml
- 소금, 후춧가루 1~2회 뿌리는 양=1~2g

★★ 전자레인지에 대해

- 전자레인지의 가열시간은 700W가 기준이며 영업용은 1000W이다.
- 일본은 500W가 기준이다.
- 600W라면 500W를 기준해서 0.8배로 계산한다.

★★ 가열시간에 대해

- 가정용 전자레인지는 모델에 따라 화력과 출력이 다르다.
- 가열시간은 참고만 할 뿐, 불의 세기를 확인하면서 조절한다.
- 특히 고기 요리를 할 때는 고기가 익는 정도를 눈으로 직접 확인하면서 굽는다.

★★ 분량에 대해

- 이 책의 레시피는 버터 치킨 카레, 과자 파트에 나오는 일부 레시피를 제외하고 전부 1인분 기준이다.
- 재료의 분량은 g단위로 판매하는 것만 제외하고 모두 컵 단위나 눈대중, 손대중으로 표기했다.

편집 협력 오토마루 마스노부(편집단 WawW! Publishing)
스타일링 다나카 마키코
디자인 하시모토 지호
만화 노지마 미호
요리 완성 사진 아이자와 다쿠마(光文社)
요리 과정 사진 이시다 준코(光文社)

chapter
1

뭐든 다 맛있다!
싸다! 쉽다! 인기 레시피 10

요리란 의외로 쉽고 즐거운 일이라는 것을 알아주었으면 하는 마음을 담아 최강의 레시피 10가지를 소개한다. 이번에 소개하는 레시피는 블로그에서 반응이 좋았던 인기 레시피로, 텔레비전에 방송되어 화제가 된 달걀조림을 우선 소개한다. 맛있고, 싸고, 간단한 레시피만 선별했다. 이 중 마음에 드는 요리를 만들어 맛있게 먹어 보자.

세상에서 가장 맛있는 달걀조림

나는 달걀조림을 정말 좋아한다!

라면 가게에서 라면을 먹을 때도 아지타마(달걀조림)를 추가할 수 있는 곳에서는 꼭 추가해서 먹을 정도다. 삼시 세 끼 달걀조림을 먹은 적도 있다. 결국 나는 먹는 것만으로는 성에 차지 않아 직접 완벽한 달걀조림을 만들어 보기로 했다. 처음에는 완숙이 되거나 간이 맞지 않아 곤욕을 치렀지만 달걀조림에 대한 나의 열정은 식지 않았다. 드디어 많은 시행착오와 연구를 거듭한 끝에

· 완벽한 반숙 상태의
· 간이 절묘하게 들어맞는
· 재현율 100%를 자랑하는 최고의 달걀조림 레시피가 완성되었다.

세상에서 가장 맛있는 달걀조림

끈질긴 연구 끝에 완성! 가성비 최고의 달걀조림 결정판!

01 국자에 달걀 3개를 담고 팔팔 끓는 물에 담가 중불에서 6분간 삶은 뒤, 얼음물에 3분간 식힌다.

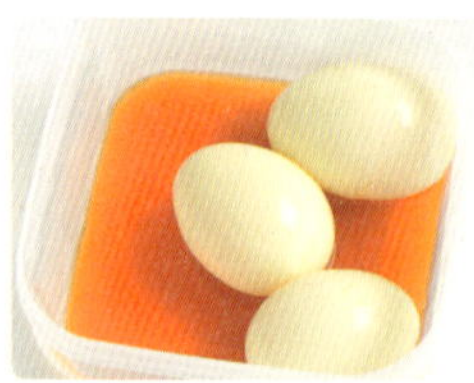

02 흐르는 물에서 달걀껍질을 벗기고 밀폐용기에 삶은 달걀을 넣고 먼저 국수장국 1/2컵(100㎖)을 붓는다.

03 달걀 위에 키친타월 한 장을 덮고 국수장국 1/4컵(50㎖)을 또 부은 후 밀폐용기의 뚜껑을 닫고 냉장고에서 한나절 재운다.

반숙 달걀 두부 (규가쿠식)

쫀득쫀득한 반숙 달걀과 매콤한 고추기름의 만남!

▽ 1인분 재료

- 두부…1/2모
- 달걀…1개
- 물…1큰술
- 고추기름…2작은술

Tip

규가쿠식이란 일본의 유명한
고기집인 야키니쿠 맛집에서
만드는 방식을 말한다.

01 그릇에 두부 1/2모를 담고
전자레인지(700W)에서
1분 가열한다.

02 다른 그릇에 물 1큰술과
달걀 1개를 깨뜨려 넣고
전자레인지(700W)에서
20~30초 정도 가열한 뒤,
숟가락으로 달걀을
누르면서 그릇에 남은
물을 따라 버린다.

03 달걀을 올리기 쉽게
전자레인지에 가열한
두부의 위쪽 가운데
부분을 숟가락으로 한 입
크기만큼 떠낸다. 움푹
들어간 부분에 고추기름
2작은 술과 전자레인지에
익힌 달걀을 올린다.

아보카도 맛있게 먹기

맵고 짠 맛에 계속 먹게 된다.
아보카도와 마늘의 환상적인 조화

- 아보카도…1개
- 참기름…1큰술
- 간장…1큰술
- 설탕…1큰술
- 다진 마늘…1작은술

01 아보카도 1개를 세로로
칼집을 내어 양손으로
좌우를 비틀면 반으로
잘리면서 씨가 나오는데
그 씨를 숟갈이나
칼끝으로 도려내고 껍질을
벗긴다.

02 껍질 벗긴 아보카도를
부서지지 않도록
조심스럽게 한입 크기로
잘라 볼에 담는다.

03 아보카도에 다진 마늘
1작은술, 참기름 1큰술,
간장 1큰술, 설탕 1큰 술을
섞는다.

Tip

아보카도의 보관 방법은 잘 익은
것은 냉장고에 2~3일 정도다.
덜 익은 것을 냉장고에 넣으면
시커멓게 변하고 맛이 없다. 잘
익은 것을 구입해서 빨리 먹도록
한다.

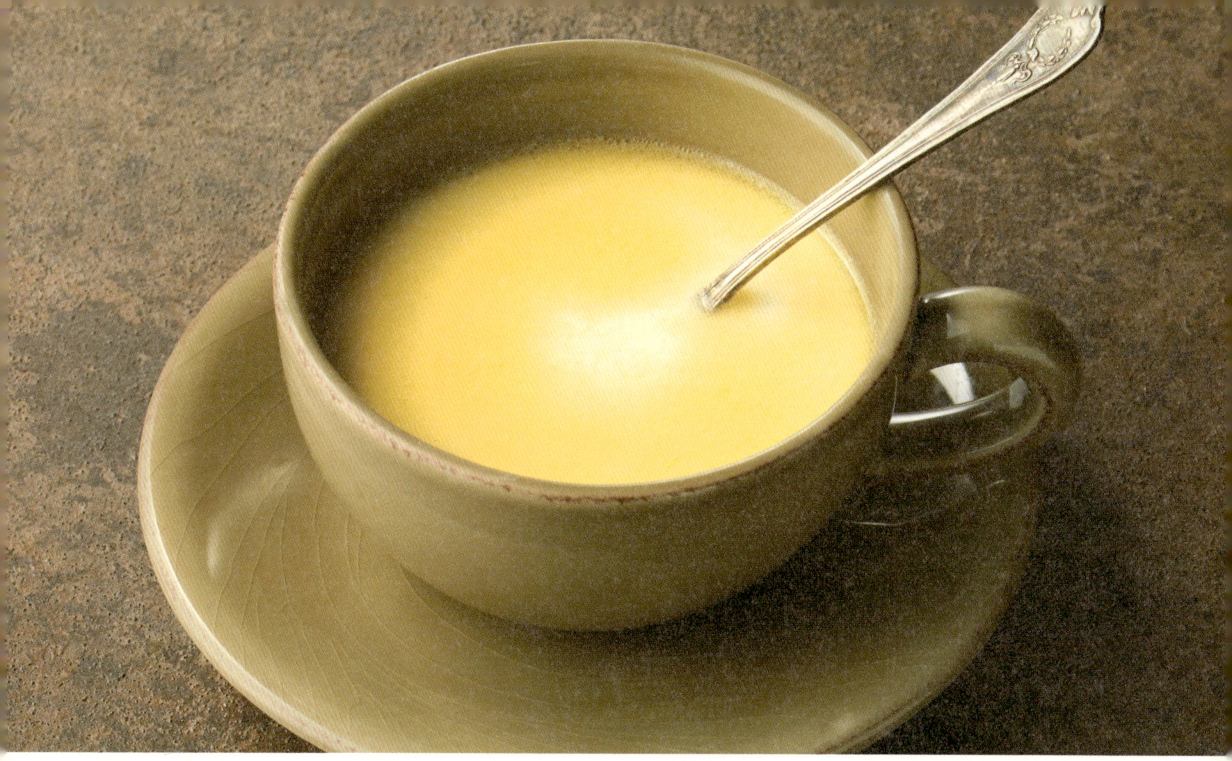

마음이 편안해지는 밀크셰이크

간단하게 만들어
뼛속까지 따뜻해지는 깊은 맛!

▽ 1인분 재료

- 우유…1컵(200㎖)
- 버터…1작은술(10g)
- 설탕…2작은술(가득)

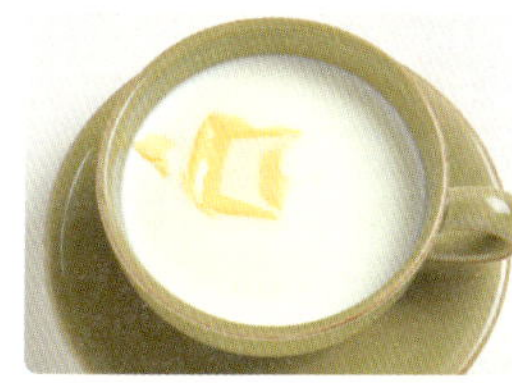

01 머그컵에 우유 1컵, 버터 1작은술, 설탕 2작은술을 섞는다.

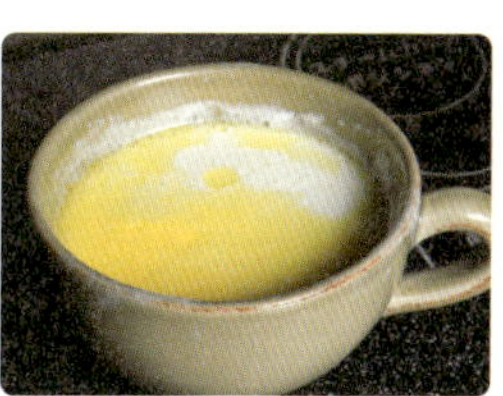

02 전자레인지(700W)에서 1분 정도 가열한다.

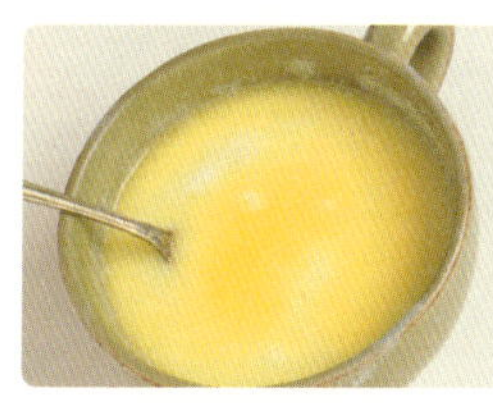

03 숟갈로 저어 마신다.

Tip

전자레인지의 가열시간은 지켜보고 조절한다. 시간이 초과되면 끓어 넘치기도 한다.

황금 까르보나라

간단하면서 맛도 보장되는 두 번 놀라는 파스타!

01 마늘 1쪽을 얇게 저며 썰고, 베이컨 2줄을 한입 크기로 자른다.

02 프라이팬에 식용유 1큰술을 두르고 달군 뒤, 마늘과 베이컨을 놓아 노릇노릇해질 때까지 중불에서 볶는다.

03 우유 1컵, 쇠고기 분말 1작은술, 치즈가루 2큰술을 넣고 작은 거품이 일 때까지 중불에서 끓인다.

04 파스타 한 줌을 삶아 체에 받쳐 물기를 뺀다.

05 ④의 파스타를 ③에 넣고 버무린다.

06 그릇에 ⑤를 담고, 숟갈로 달걀 노른자만 떠서 파스타 가운데 올린 뒤 후춧가루를 1~2번 뿌린다.

Tip

링귀네는 파스타의 한 종류로 납작한 형태의 면이다. 일반 스파게티 국수보다 익히는 시간이 조금 더 걸리므로 조리시간에 신경을 쓴다.

행복해지는 차슈덮밥

밥! 고기! 양념!
절대 후회하지 않을 양과 맛, 저렴한 가격까지 일석삼조!

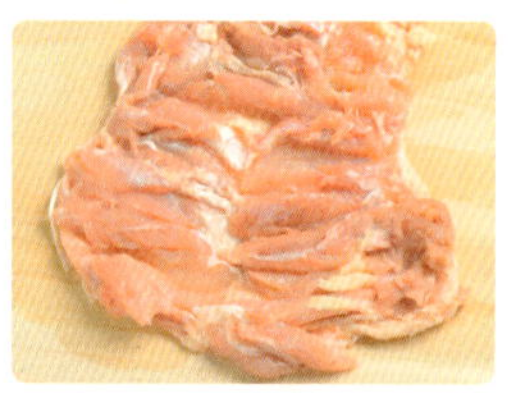

01 뼈를 발라낸 닭다리 살 1조각을 껍질 부분이 아래로 가도록 도마 위에 깐다.

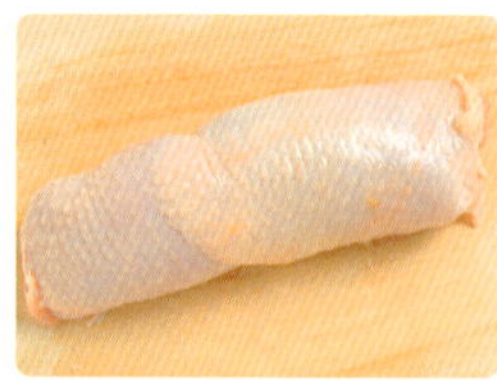

02 ①의 닭다리 살을 돌돌 말아 긴 막대기 모양으로 만든 뒤, 꽂이로 고정한다.

03 생강 1/3쪽을 얇게 어슷 썰고, 대파의 파란 부분을 4㎝ 정도로 썬다. 냄비에 ②의 닭다리 살을 안치고 대파, 생강, 간장 1/2컵, 물 1/2컵, 청주 2큰술, 미림 1큰술을 붓는다.

04 ③을 센 불에서 2분 정도 끓이다가 약불로 줄여서 30분 정도 앞뒤로 뒤집어가며 골고루 푹 익힌다. 고기가 다 익으면 꽂이를 빼고 2㎝ 정도의 두께로 둥글게 썰고 미리 만들어둔 달걀조림 1개를 반으로 자른다.

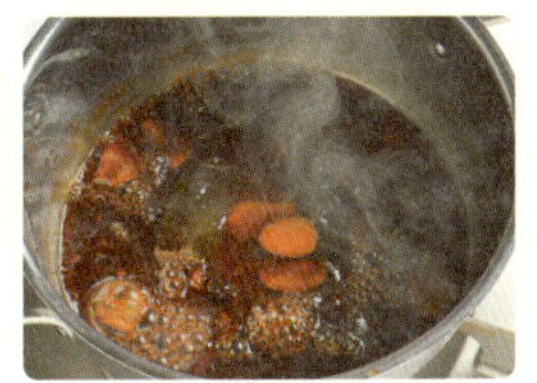

05 ④의 냄비에 달걀조림 만들 때 나온 소스 2큰술을 넣고 중불에서 2분 정도 끓여 소스를 만든다.

06 밥 1/2 공기 위에 ⑤의 양념을 붓고 ④의 고기와 반으로 자른 달걀조림을 올린 후, 취향에 따라 잘게 자른 김을 올린다.

1인분 재료

- 닭다리살…1조각
- 밥…1/2공기
- 생강…1/3쪽
- 대파의 파란 부분…4㎝
- 간장…1/2컵
- 물…1/2컵
- 청주…2큰술
- 미림…1큰술
- 잘게 썬 김…취향에 따라
- 달걀조림…1개
- 달걀조림 소스…2큰술

Tip

차슈덮밥에 사용한 달걀조림은 16쪽에 상세하게 소개되어 있다.

엄마표 치킨 카라아게 (닭고기 튀김)

단순한 것이 최고!
닭고기 튀김이 너무 맛있어 직접 도전! 엄마의 맛을 느끼다.

01 그릇에 뼈를 발라 낸 닭다리 살 2조각, 다진 생강 1큰술, 간장 2큰술, 청주 1큰술을 섞어 랩을 씌워 냉장고에서 30분간 재운다.

02 비닐봉지에 닭다리 살과 녹말가루 2큰술을 넣고 주무른다.

03 튀김용 냄비에 샐러드유를 5㎝ 정도 붓고 중불에서 끓이다가 녹말가루를 떨어뜨렸을 때 녹말이 떠오르는 정도의 온도가 되면(180도) ②를 넣고 튀긴다.

04 닭고기를 뒤집으면서 5분 동안 튀긴다.

05 다 튀겨지면 닭고기를 꺼내 키친타월 위에 놓고 2분간 식힌다.

06 식힌 닭고기를 다시 기름에 넣어 2분 정도 더 튀긴 다음, 키친타월 위에서 가볍게 기름기를 뺀다.

▽ 1인분 재료

- 닭다리 살…2 조각 (뼈를 발라낸 것)
- 녹말가루…2큰술
- 다진 생강…1큰술
- 청주…1큰술
- 간장…2큰술
- 샐러드유…튀김용 냄비의 바닥에서 5㎝ 정도 되는 양

Tip

카라아게란 튀김옷을 거의 입히지 않고 튀긴 닭튀김이다. 카라아게는 일본어로 튀김이란 뜻. 향과 맛이 뛰어나다.

마늘 볶음밥

마늘의 효능은 주목받아야 마땅!!
먹어 보면 알 수 있는 그 맛.

1인분 재료

- 밥…2/3 공기
- 마늘…1쪽
- 달걀…1개
- 참기름…2큰술
- 소금…1/2작은술
- 후춧가루…1/2작은술
- 간장…2작은술

Tip

볶음밥은 혼밥의 단골메뉴.
버섯이 있으면 함께 넣고 볶아도
맛있다.

01 마늘 1쪽을 얇게 어슷 썰고, 달걀 1개를 푼다. 프라이팬에 참기름 2큰술을 두르고 달군 뒤, 마늘을 넣고 노릇노릇해질 때까지 센 불에서 볶는다.

02 ①의 프라이팬에 풀어놓은 달걀과 밥 2/3공기를 넣고 밥을 으깨면서 센 불에서 볶는다.

03 밥이 꼬들꼬들해지면 소금 1/2작은술, 후춧가루 1/2작은술, 간장 2작은술을 넣고, 불을 끄지 않은 채 20초 정도 더 볶는다.

진한 맛, 가마타마 우동

달걀과 고추기름만으로 완성되는 일본식 우동!
냉동 면은 전자레인지로 해동하면 끝!

- 냉동우동…1봉지
- 달걀…1개
- 고추기름…1큰술
- 국수장국…1큰술

Tip

가마타마 우동은 날달걀을 넣어
먹는 일본의 별미 우동이다

01 냉동 우동 한 봉지를
전자레인지(700W)에서
3분 정도 가열하고 달걀
1개를 풀어 놓는다.

02 그릇에 ①의 우동을
담는다.

03 ②에 풀어놓은 달걀,
고추기름 1큰술, 국수장국
1큰술을 넣고 잘 섞는다.

절대 실패하지 않는 생초콜릿

간단하지만 맛있는 생 초콜릿.
혼자 먹기도, 선물하기도 좋다.

01 냄비에 생크림 4큰술을 넣고 거품이 생길 때까지 약불에서 끓인다.

02 거품이 생기면 불을 끈다.

03 끓인 생크림에 초콜릿 130g을 넣고 불을 끈 채 긴 젓가락으로 섞어준다.

04 초콜릿이 다 녹으면 랩을 깔아놓은 그릇에 붓고 뚜껑을 덮어 냉장고에 한나절 둔다.

05 칼을 열탕 소독하여 키친타월로 물기를 닦아낸 다음 초콜릿을 좋아하는 모양으로 자른다.

06 코코아 가루를 취향에 따라 뿌린다.

- 블랙 초콜릿…130g
- 생크림…4큰술(65㎖)
- 코코아 가루…취향에 따라

Tip

초콜릿은 스트레스 해소는 물론 노폐물 배출과 신진대사에도 도움이 되고 특히 대뇌피질을 부드럽게 자극해서 사고력, 집중력을 높이고 원기회복과 치매예방에도 도움이 된다고 한다.

'배고픈 그리즐리'의
요리 비법!

"양파와 당근은 볶기 전에 3~5분 정도 따뜻하게 데우면 볶는 시간을 줄일 수 있다."

양파나 당근을 프라이팬에서 익히려면 시간이 꽤 걸린다. 식재료가 잘 익고 맛있게 먹을 수 있다면 굳이 프라이팬을 고집하지 않아도 된다. 전자레인지를 사용해 살짝 초벌로 익혀 두면 조리 시간을 줄일 수 있다.

불 위에서 식재료를 익히려면 눈을 뗄 수가 없고, 아무리 신경을 써도 태워버리는 경우가 종종 있다. 하지만 전자레인지로 데우면 그런 문제를 신경 쓰지 않아도 된다. 이 책에서는 가능한 한 전자레인지를 사용해서 편하고 빠르게 그리고 맛있게 음식을 만들 수 있도록 레시피를 작성했다.

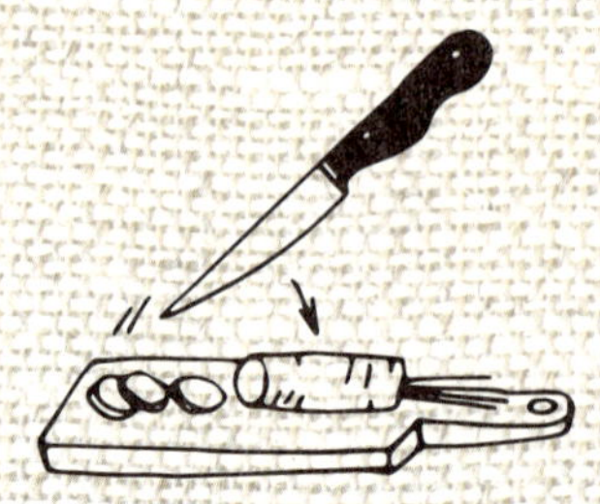

chapter 2

1분 만에 완성! 인기 기본안주

요리를 많이 해보지 않은 사람들은 안주라고 하면 어렵게 생각하는 경향이 있다.
하지만 실제로는 그 반대이다. 안주야말로 초보자를 위한 요리라 할 수 있다.
이번에는 칼도 불도 사용하지 않고 1분 안에 완성할 수 있는 초 간단 안주부터 엄청
공들인 것 같지만 실은 전혀 어렵지 않은 맛있고 인기있는 기본안주를 소개한다.

이자카야식 오이무침

재료가 없어도 제법 그럴싸하게 완성되는 술안주!

♡ **1인분 재료**

- 오이…1개
- 고추기름…1큰술
- 조미료…1작은술

Tip

이자카야는 선술집이라는 뜻으로 일본에서는 지역 주민들의 아지트 같은 역할을 하며 사케, 맥주, 소주, 위스키 같은 술과 안주를 제공한다.

01 오이 1개의 양끝을 잘라 버리고 5등분으로 자른다.

02 칼의 옆면을 오이에 대고 꾹 눌러 오이를 으깬다.

03 그릇에 오이, 고추기름 1큰술, 조미료 1작은술을 넣고 버무린다.

마늘향 바지락찜

간단한 재료와 쉬운 조리 과정으로 본격 안주 만들기.
오늘 밤 한 잔 할까?

1인분 재료

- 해감한 바지락…100g(한봉지 150g)
- 마늘…1쪽
- 청주…2/3컵
- 식용유…1큰술

Tip

해감하지 않은 바지락은 소금물에 담가 호일을 덮어 30분쯤 두었다가 사용하면 해감이 된다.

01 마늘 1쪽을 얇게 저며 썬다.

02 프라이팬에 식용유 1큰술을 두르고 저며 썬 마늘을 넣어 노릇노릇해질 때까지 중불에서 2분 정도 나무주걱으로 저으며 볶는다.

03 ②에 바지락 100g (한손바닥에 가득할 정도)과 청주 2/3컵을 붓고 뚜껑을 덮은 뒤, 센 불에서 바지락의 입이 벌어질 때까지 삶는다.

게맛살 고추냉이

초스피드 레시피!
데울 필요도 자를 필요도 없다. 섞기만 하면 끝!

🥣 **1인분 재료**

- 게맛살…4줄
- 마요네즈…1작은 술
- 고추냉이…튜브 1/2작은술

01 볼에 게맛살 4줄을 세로로
4등분해서 찢어 넣는다.

02 ①에 마요네즈 1작은술을
넣고 버무린다.

03 그릇에 ②를 담고,
가운데에 고추냉이
1/2작은술을 올린다.

Tip

게맛살은 명태살과 전분,
향신료로 게살 맛을 낸
가공식품이다.

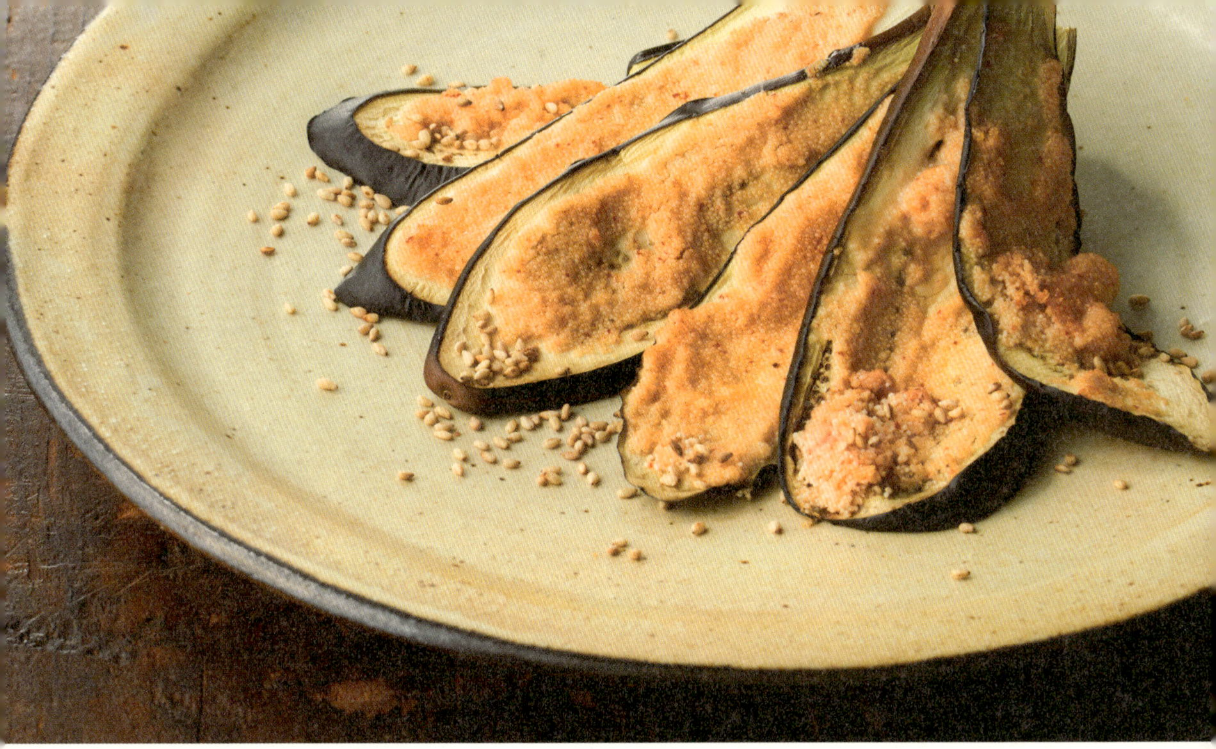

명란 가지구이

쫄깃한 가지 위에 마요네즈에 버무린 명란젓 알을 바른 환상의 맛!

1인분 재료

- 가지…1개
- 명란젓…1줄
- 마요네즈…1작은술

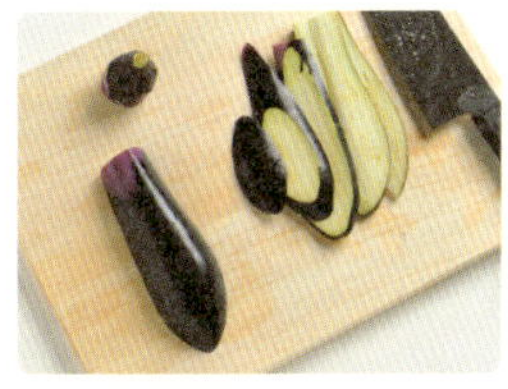

01 가지 1개를 씻어 꼭지를 따고, 세로로 5㎜~1㎝ 두께로 썬다.

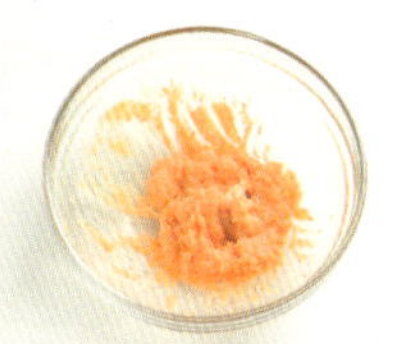

02 그릇에 명란젓 1줄(혹은 ½토막)을 담고 숟갈로 으깨서 알을 발라낸 다음, 마요네즈 1작은술을 넣어 버무린다.

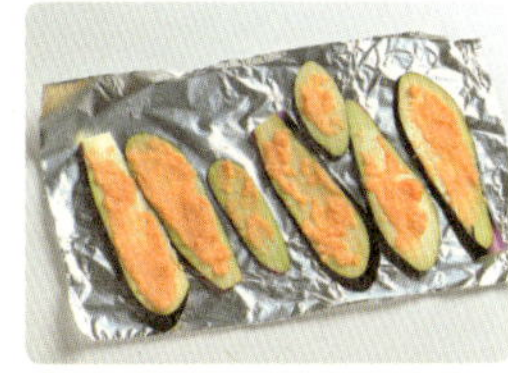

03 가지의 한쪽 면에 ②를 바르고, 알루미늄 호일을 깐 오븐토스터에서 8분 정도 굽는다.

Tip

명란젓은 마요네즈와 찰떡궁합! 이유는 유분을 함유한 마요네즈가 비타민 E의 흡수를 좋게 해주기 때문.

멈출 수 없는 맛 양배추 샐러드

양배추를 잘게 찢어서 소스만 뿌리면 끝! 섞을 필요도 없다!
소스가 맛있으면 뭐든 맛있다!

♡ **1인분 재료**

- 양배춧잎…4~5장
- 저염 맛소금…0.5작은 술
- 볶은 깨…1~2번 뿌릴 양

Tip

저염 맛소금 만들기
1. 대파 50g, 당근 50g, 피망 50g을 잘게 다져 말린다.
2. 말린 야채에 통깨 50g, 소금 50g을 섞어 믹서에 간다.

01 양배춧잎 4~5장을 한입 크기로 잘게 찢는다.

02 그릇에 잘게 찢은 양배추를 담는다.

03 저염 맛소금과 볶은 깨를 뿌린다.

걸쭉한 두부치즈

따끈따끈한 두부와 걸쭉한 치즈의 산뜻한 맛!
술안주로 강추!

♡ 1인분 재료

- 두부…1/2모
- 피자용 슬라이스치즈…1장
- 후춧가루…1~2번 뿌림
- 간장…1큰술

Tip

슬라이스치즈는 낱개로 포장되어
있어 먹기 좋고 사용하기 좋다.

01 내열 냄비에 두부 1/2모를
담고, 두부 위에 슬라이스
치즈 1장을 올린다.

02 전자레인지(700W)에서
1분 20초 정도 가열한다.

03 간장 1큰술과 후춧가루를
1~2번 뿌린다.

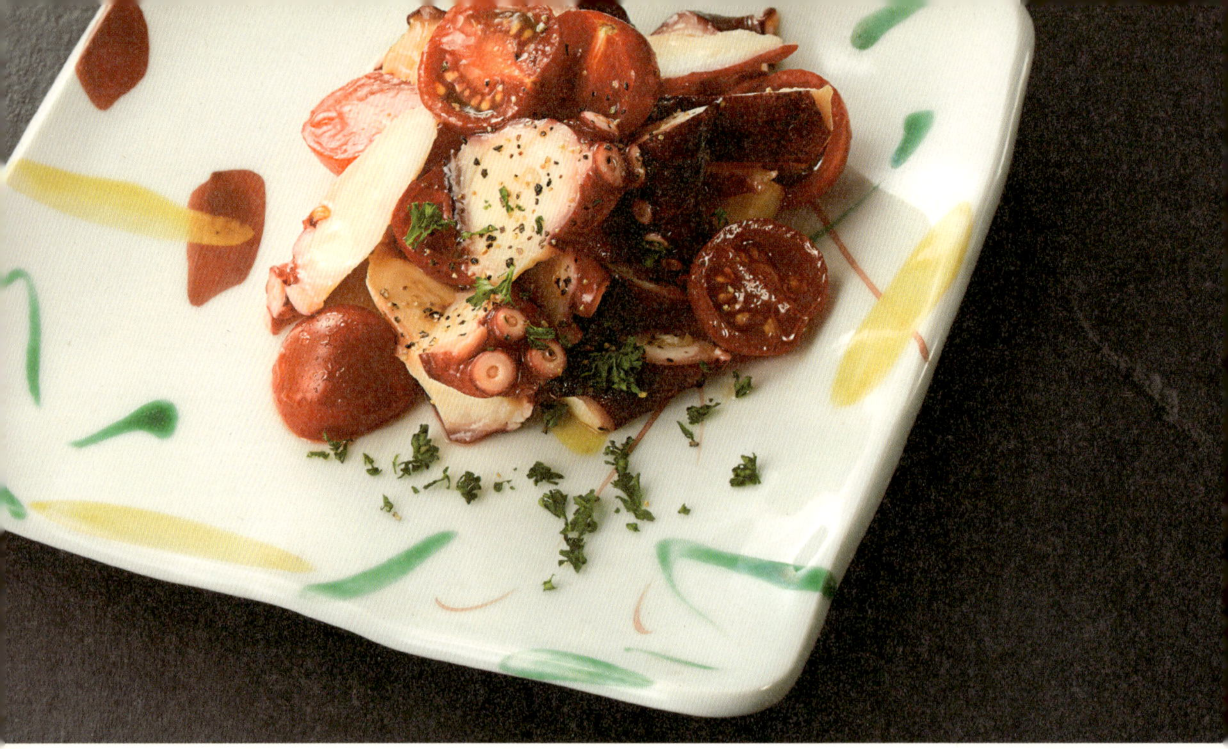

문어 양념요리 마리네

산뜻한 양념을 한 문어와 토마토.
와인이나 칵테일에도 잘 어울린다!

1인분 재료

- 문어…손질해서 토막 낸 것 한 웅큼(100g)
- 방울토마토…5개
- 올리브오일…2작은술
- 소금…0.5작은술
- 간장…1작은술
- 식초…1작은술

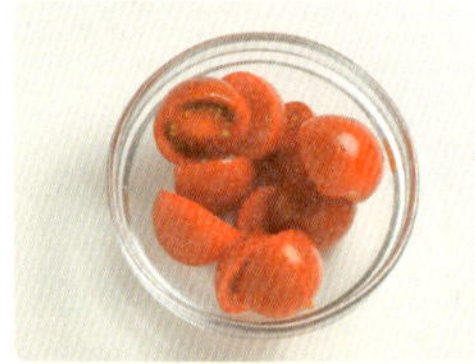

01 방울토마토 5개를 반으로 자른다.

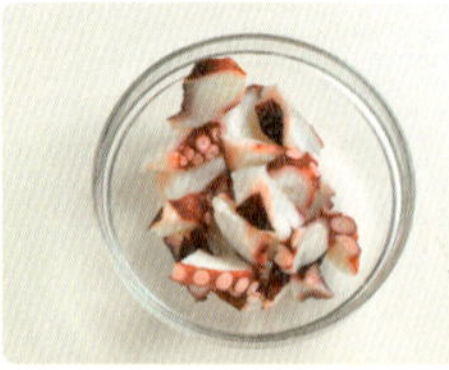

02 문어 100g을 먹기 좋은 크기로 자른다.

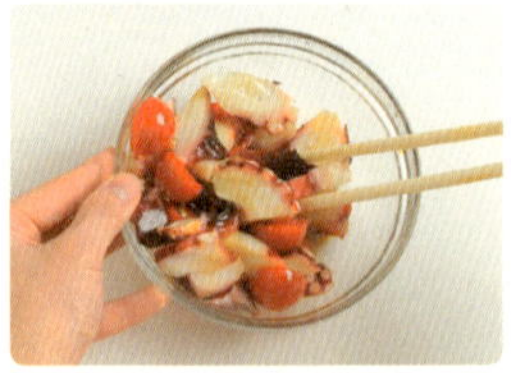

03 ①과 ②를 한 그릇에 담고 올리브오일 2작은술, 소금 0.5작은술, 간장 1작은술, 식초 1작은술을 넣고 긴 젓가락으로 버무린다.

Tip

마리네는 일본인들이 많이 해먹는 조리법으로 생선이나 고기를 식초와 기름으로 버무려 먹는 음식이다.

참마 와사비 간장무침

차갑고 아삭아삭한 참마에 간장과 고추냉이만 넣으면 끝!
심플하지만 훌륭한 맛.

- 참마···지름 5cm+4cm 정도
  1토막(80g)
- 간장 2작은술
- 고추냉이 1/2작은술

01 참마 4cm 정도 1토막을 가볍게 씻은 다음 흐르는 물에서 필러로 껍질을 벗긴다.

02 껍질 벗긴 참마를 손가락 길이로 납작하게 썰어 그릇에 담는다.

03 ②에 간장 2작은술을 뿌리고, 가운데에 고추냉이 1/2작은술을 올린다.

Tip

참마는 굴소스와 참기름을 넣고 쪄서 먹기도 하고 생마를 껍질 벗겨 간장에 무쳐 먹기도 한다.

페페론치니 두부

스파이시 & 헬시한 페페론치니 맛의 두부.
짠맛이 술안주로 안성맞춤!

- 두부···1/2모
- 마늘···1쪽
- 페페론치니(고추)···1개
- 식용유···2큰술
- 소금···1/2작은술
- 후춧가루···1/2작은술
- 간장···1작은술

01 두부 1/2모를 한입 크기로 자른다.

02 고추 1개를 1mm 두께로 송송 썰고 씨는 제거한다. 마늘 1쪽은 얇게 어슷 썬다.

03 프라이팬에 식용유 2큰술을 두르고 ①의 두부, ②의 고추와 마늘, 소금 1/2작은술, 후춧가루 1/2작은술, 간장 1작은술을 넣고 나무주걱으로 가볍게 섞으면서 두부가 노릇노릇해질 때까지 중불에서 3분 정도 지진다.

Tip

페페론치니는 이탈리아의 매운 건고추이다. 단맛이 있어 이탈리아에서는 단고추라고도 한다.

chapter
3

토마토소스의 결정판!!!

이 책에 소개하는 100개의 요리 중 이번 장은 조금 특별하다. 유일하게 소스 레시피를 소개했기 때문이다. 소스 자체는 맛있지만 요리라고는 할 수 없고 그대로 먹을 수도 없다. 하지만 토마토소스의 활용 범위는 상상 이상으로 넓다. 파스타, 피자, 수프, 도리아, 그라탱 등, 토마토 맛이 어울리는 요리라면 어떤 요리에도 사용할 수 있고 음식 맛을 한층 업그레이드해 준다.

세상에서 가장 맛있는 토마토소스 만들기

이번 장에서는 연구에 연구를 거듭한 끝에 만들어낸 토마토소스를 공개한다. 토마토소스의 최대 포인트는 활용 범위가 넓다는 것이다.

토마토소스는 그 자체로도 이용할 수 있지만 미트소스, 데미글라스 소스, 피자소스의 재료가 되기도 한다. 또한 토마토케첩 대신 햄버거나 핫도그에 뿌려 먹기도 하고, 페스카토레, 봉골레 롯쏘, 미네스트로네, 도리아, 라자냐, 그라탱 등 많은 요리에 사용할 수 있다.

"맛있는 토마토소스를 만들면 토마토소스를 넣은 모든 요리가 정말 맛있지 않을까?!"

이 점 때문에 달걀조림처럼 수많은 시행착오를 거듭해서 맛있는 토마토소스를 완성했다. 홀토마토에 들어 있는 양파의 양, 마늘 써는 법, 조미료의 분량 등 토마토소스를 맛있게 만들 수 있는 모든 가능성을 시도해서 만든 레시피이다.

맛있는 토마토소스를 만들기 위해서는 양파의 단맛을 잘 살리는 것이 포인트다. 가장 맛있는 단맛을 찾아내기 위해 양파의 양을 몇 번이나 수정해 보았다.

처음에는 양파를 많이 넣으면 넣을수록 단맛이 진해져 맛있을 거라고 생각해 양파 2개를 넣어 봤는데 오히려 단맛이 너무 강해서인지 단맛에 대한 반감마저 들었다.

2개는 실패……, 조금 줄여서 1개 반……, 다음은 1개……, 7/8개……. 몇 차례의 시행착오 끝에 토마토 통조림 1캔 대 양파의 황금비를 찾아냈다.

토마토 통조림 1캔(400g) : 양파 약1/4개(39g)

토마토와 양파의 밸런스가 잡히자 이미 충분히 맛있었지만, 뭔가 2% 부족한 느낌이 들었다. 무엇이 부족한지 알아내기 위해 수차례 맛을 보았다. 그 결과 **깊은 맛**이 부족하다는 결론에 이르렀다.

이번에는 깊은 맛을 내기 위해 다양한 조미료와 식재료를 넣어 보았다. 우유, 버터, 토마토케첩, 우스터소스……. 완벽한 깊은 맛을 찾아내겠다는 각오로 수차례 시행착오를 거친 결과, **치즈가루**를 넣자 양파와 토마토만으로는 낼 수 없는 깊은 맛을 내는 데 성공했다.

드디어 토마토소스가 완성되었다!
집념의 토마토소스 레시피를 공개한다.

세상에서 가장 맛있는 토마토소스

끝없는 연구를 거쳐 탄생한 토마토소스 레시피의 끝판왕!

01 양파 1/4개, 마늘 1쪽을 다진다.

02 프라이팬에 식용유 3큰술을 두르고, 다진 마늘을 넣어 약불에서 15분 볶는다.

03 ②에 양파를 넣고 뭉근한(약한) 불에서 15분 정도 더 볶는다.

04 토마토 통조림 1캔과 치즈가루 1큰술을 넣고 소스의 분량이 3/4 정도가 될 때까지 중불에서 4분 정도 바짝 조린다.

05 불을 끈 상태로 20분 정도 둔다.

06 치즈가루 1큰술, 소금 1/2작은술, 후춧가루 1/2작은술을 넣어 간을 맞춘다.

- 토마토 통조림…1캔(400g)
- 마늘…1쪽
- 양파…1/4개
- 식용유…3큰술
- 치즈가루…2큰술
- 소금…1/2작은술
- 후춧가루…1/2작은술

Tip

토마토소스는 파스타 요리에 많이 사용하며 스튜, 고기, 채소요리에 대중적으로 사용한다.

토마토소스 파워 사건

나는 좋은 일이 있으면 최소 열흘은 기분 좋게 지낼 수 있다. 그 기간 동안은 대체로 컨디션이 좋아 청소나 빨래를 신나게 해치운다. 토마토소스는 달걀조림과 마찬가지로 정말 고생 끝에 만들었기 때문에 완성했을 때의 기쁨은 말로 표현할 수 없을 정도였다. 나는 그 기세를 몰아붙여 어떤 일을 실행에 옮겼다.

바로 토마토소스의 완성을 기념해 토마토를 주인공으로 한 앱을 만들었다. 얼핏 무모해 보이는 발상이었지만, 여하튼 토마토소스 파워에 마음이 움직여 앱을 완성했다. 주인공은 그 이름도 '토마이누 씨!'(토마토와 일본어로 강아지를 뜻하는 이누의 합성어-역주)라고 지었다. 토마토 요정이다.

토마이누 씨가 주인공인 앱이 2개 있다.

첫번째는 '토마이누 씨의 완전 어려운 횡 스크롤 게임'.

바나나, 프라이팬, 시치미토가라시(고추, 후춧가루 등 7가지 재료를 섞어서 만든 일본 향신료-역주) 위를 토마 이누 씨가 걸어간다. 생긴 것과 달리 굉장히 어려운 런 게임이다. 지나간 거리에 따라 엔딩이 달라진다. 엔딩의 종류는 무려 10개 이상! 하지만 게임이 어려워서 100% 클리어하는 사람은 없을 것 같다. 만약 100% 클리어했다면 꼭 연락 바란다.

두번째는 '토마이누 씨의 힐링 키친 타이머!'.

심플한 기능을 가진 키친 타이머이다. 쓸모없다고 생각하는 사람도 있겠지만, 배터리가 있다면 99시간(약 4일간) 작동 가능하다. 이것으로 토마토소스 이야기는 마치겠다.

토마이누씨의 힐링 키친 타이머
제작 배고픈 그리즐리

토마이누씨! 완전 어려운 횡 스크롤 게임
제작 배고픈 그리즐리

chapter 4

파스타, 우동, 라면

혼자 사는 사람이 가장 많이 선택하는 식재료, 그것은 바로 면류이다. 우선 가격이 저렴하고 조리법도 간단하다. 면류는 1인분씩 삶을 수도 있어 쉽게 만들 수 있고 맛까지 좋다! 면류의 최대 강점은 선택의 폭이 넓다는 점. 이번에는 파스타, 우동, 중화면의 잠재력을 100% 활용한 16개의 요리를 소개한다.

세상에서 가장 맛있는 파스타 삶기

1. 물에 1시간 담가둘 것!

파스타를 물에 1시간 담가두면 식감이 쫄깃해져 마치 생 파스타 같다. 또한 물에 담가둔 파스타는 삶는 데 1~2분밖에 안 걸리기 때문에 조리 시간도 단축되고 가스비도 절약된다.

2. 파스타를 삶을 때는 물 2ℓ, 소금 35g을 넣을 것!

파스타를 삶을 때 파스타 100g당 물 2ℓ와 소금 2큰술+1작은술(35g)을 넣는다. 이 비율만 지키면 간이 잘 맞고, 부드럽고 쫄깃쫄깃한 파스타를 먹을 수 있다.

3. 파스타는 소스를 만든 뒤에 삶을 것!

파스타를 삶으면서 소스를 만들면 면이 퍼져 버린다. 실패하지 않고 맛있는 파스타를 만들려면 소스를 먼저 만든 뒤, 파스타를 삶는 게 비결!!

까르보나라 우동

까르보나라의 진한 맛! 술술 잘 넘어가는 우동!
정말 맛있다!

- 냉동우동…1봉지
- 우유…3/4컵
- 달걀…1개
- 소고기 분말…1작은술
- 치즈가루…1큰술
- 소금… 1번 뿌림
- 후춧가루…1번 뿌림

Tip

까르보나라 스파게티는
이탈리아의 광부들이 오랫동안
석탄을 캐면서 만들어 먹던
음식이다. 까르보나라는
이탈리아어로 '석탄'이라는
뜻이다.

01 냉동우동 1봉지를
전자레인지(700W)에서
3분 30초 정도 가열한다.

02 프라이팬에 우유 3/4컵과
치즈가루 1큰술, 쇠고기
분말 1작은술을 넣고
중불에서 40초 정도
끓이다가 끓기 시작하면
불을 끈다. 거기에 우동을
넣고 약불에서 버무린다.

03 우유에 버무린 우동을
그릇에 담고, 가운데에
달걀노른자 1개를 올린 후,
소금과 후춧가루를 1번씩
뿌린다(달걀 노른자를
빼려면 달걀을 밥공기에
깨뜨려 넣고, 숟갈로
노른자를 건지면 쉽다).

감기가 한 방에 떨어지는 나베야끼우동

따끈따끈할 때 먹고 싶은 나베야끼(냄비)우동.
야채를 듬뿍 넣고 끓여야 국물 맛이 제 맛.

♡ 1인분 재료

- 냉동우동…1봉지
- 달걀…1개
- 배춧잎…1장
- 물…1/2컵
- 국수장국(2배 농축)…1/2컵
- 다진 생강…1작은술

Tip

쌀쌀한 날씨에 몸을 따뜻하게
해 주는 우동으로 전골냄비에
끓여야 식지 않는다.

01 배춧잎 한 장을 한입
크기로 잘라 전골냄비에
넣고 물 1/2컵과 국수장국
1/2컵을 붓고 중불에서 4분
정도 끓인 다음, 냉동우동
1봉지와 다진 생강
1작은술을 넣는다.

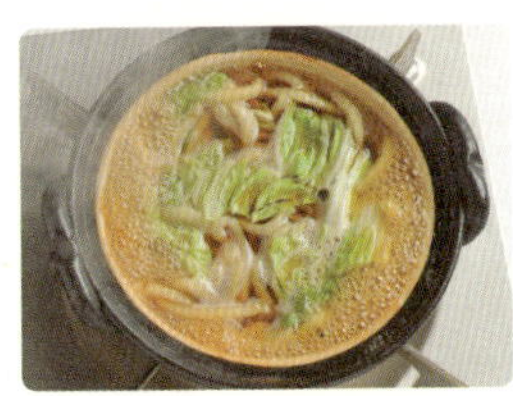

02 전골냄비에 안친 우동을
끓이다가 달걀을 깨뜨려
넣고 약불로 줄여 뚜껑을
덮는다.

03 달걀이 원하는 정도로
익을 때까지 약불을
유지한 채 기다린다.

치노 우동

식감은 볶음 우동! 맛은 페페론치니!
아삭아삭한 마늘 맛이 최고!

- 냉동우동…1봉지
- 마늘…2쪽
- 식용유…2큰술
- 소금·후춧가루…1번씩 뿌림

01 냉동우동 1봉지를 전자레인지(700W)에서 3분 30초 정도 가열하고, 마늘 2쪽을 얇게 어슷 썬다.

02 프라이팬에 식용유 2큰술을 두르고 어슷 썬 마늘을 넣어 노릇노릇해질 때까지 중불에서 볶는다.

03 마늘 향이 기름에 배면 약불로 줄여 ①의 우동을 넣고, 소금과 후춧가루를 1번씩 뿌려 버무린다.

Tip

생우동보다 냉동우동으로 만들면 면발이 더 쫄깃하다.

채소를 듬뿍 올린 달걀국 우동

따끈한 우동과 입 안에서 살살 녹는 달걀 국물.
채소를 듬뿍 넣어 영양 밸런스까지 확실!

- 냉동우동…1봉지
- 달걀…1개
- 당근…1/2개
- 양파…1/2개
- 국수장국(2배 농축)…1/2컵
- 녹말가루…2큰술
- 물(국물용)…1.5컵
- 물(녹말용)…2큰술

Tip

달걀이 뭉치지 않게 하려면 끓고 있는 국물에 달걀물을 조금씩 흘리듯이 풀어 넣고 바로 불을 꺼야 한다.

01 양파 1/2개는 채 썰고 당근 1/2개는 은행잎꼴로 썬 다음, 달걀 1개를 물에 푼다.

02 냄비에 물 1.5컵, 양파와 당근을 넣고 중불에서 3분 30초 정도 끓이고, 다른 그릇에 물 2큰술과 녹말물 2큰술을 넣고 덩어리가 없어질때까지 섞는다.

03 ②의 냄비에 냉동우동 1봉지와 국수장국 1/2컵을 부어 중불에서 1분 30초 정도 끓이다가 녹말을 넣고, 마지막으로 달걀을 풀어 가볍게 저어준다.

3색 냉 우동

국수장국, 식초, 물만 넣으면 끝!
3가지 건더기와 함께 후루룩.

- 냉동우동…1봉지
- 오이…5㎝ 토막
- 우동 건더기 수프…10g
- 잔멸치…10g
- 물…2큰술
- 국수장국(2배 농축)…3큰술
- 식초…1큰술

01 냉동우동 1봉지를 전자레인지(700W)에서 3분 30초 정도 가열한다. 오이를 약 5㎝ 길이로 채 썬다.

02 전자레인지에 익힌 우동을 체에 밭쳐 차가운 물로 헹구고 물기를 뺀 뒤 그릇에 담는다.

03 물기 뺀 우동에 수프 10g, 잔멸치 10g, 오이를 올리고, 다른 그릇에 국수장국 3큰술, 식초 1큰술, 물 2큰술을 넣고 섞어서 우동에 뿌린다.

로마풍 까르보나라

까르보나라는 달걀노른자, 쇠고기 분말, 후춧가루만 있으면 완성!
로마 스타일은 멋을 부리지 않는다.

🥄 **1인분 재료**

- 파스타…1줌(100g=엄지와 검지로 쥐어서 100원짜리 동전 지름 정도)
- 달걀…1개
- 베이컨…2장
- 후춧가루…1/2작은술
- 소고기 분말…1작은술
- 식용유…2큰술

Tip

까르보나라는 나라마다
조금씩 다르게 만들어 먹는다.
미국에서는 크림소스를 사용하고
이탈리아에서는 생크림을
사용하지 않는다.

01 베이컨 2장을 한입 크기로 썬다.

02 프라이팬에 식용유 2큰술을 두르고 베이컨을 넣어 노릇노릇해질 때까지 중불에서 볶다가 불을 끄고, 파스타 1줌(100g)을 삶는다.

03 불을 끄고 ②의 프라이팬에 삶아서 물기를 뺀 파스타, 달걀노른자 1개, 쇠고기 분말 1작은술을 넣고 빠르게 섞어 접시에 담고, 후춧가루를 1~2번 뿌린다.

해산물 맛이 농후한 페스카토레

해산물과 토마토 그리고 마늘.
연구에 연구를 거듭한 가장 추천하는 파스타!

01 마늘 1쪽과 양파 1/2개를 다진다.

02 프라이팬에 식용유 1큰술을 두르고 다진 마늘과 양파를 넣어 노릇노릇해질 때까지 중불에서 2분 정도 볶는다.

03 ②에 바지락 100g과 청주 2/3컵을 붓고 뚜껑을 덮은 뒤, 약불로 줄여 2분 정도 삶는다.

04 토마토 통조림(홀토마토)을
따서 통조림 통에 집게를
넣어 으깬다.

05 바지락의 입이 벌어지면
토마토 통조림 1/2캔과
칵테일 새우 80g, 쇠고기
분말 1작은술, 소금
1/2작은술, 후춧가루
1/2작은술을 넣고 4분 정도
끓여 소스를 만든다.

06 파스타 1줌을 삶아 체에
받쳐 물기를 뺀 뒤, ⑤의
소스에 넣고 불을 끈
상태에서 버무린다.

- 파스타…1줌(100g=엄지와 검
  지로 쥐어서 100원짜리 동전
  지름 정도)
- 토마토통조림…1/2캔
- 해감한 바지락…100g(1봉지
  =150g)
- 칵테일 새우…80g(냉동 1봉
  지=400g, 해동 1봉지=200g)
- 마늘…1쪽
- 양파…1/2개
- 식용유…1큰술
- 소고기 분말…1작은술
- 소금…1/2작은술
- 후춧가루…1/2작은술
- 청주…2/3컵

Tip

페스카토레는 이탈리아어로
'어부'라는 뜻.

추억의 나폴리탄

토마토케첩, 피망, 비엔나소시지가 어우러진 추억의 맛!

1인분 재료

- 파스타…한줌(100g)
- 비엔나소시지…2개
- 피망…1개
- 샐러드유…1큰술
- 토마토케첩…2큰술
- 소고기 분말…1작은술

Tip

나폴리탄은 일본 사람들이 즐겨 먹는 파스타로 일본영화 '심야극장'에서 소개되어 인기가 더 높아졌다.

01 피망 1개를 잘게 썰고, 비엔나소시지 2개를 둥글게 썬다.

02 프라이팬에 샐러드유 1큰술을 두르고 ①을 넣어 노릇노릇해질 때까지 중불에서 1분 30초 정도 볶다가 불을 끈다.

03 파스타 1줌을 삶아 소쿠리에 밭쳐 물기를 뺀 뒤 ②에 넣고 토마토케첩 2큰술, 쇠고기 분말 1작은술을 넣고 중불에서 1분 정도 볶는다.

멈출 수 없는 맛, 명란 마요네즈 파스타

오동통한 명란젓의 맛을 느껴보자.

🥣 1인분 재료

- 파스타…한줌(100g)
- 명란…1줄
- 마요네즈…1큰술

명란젓과 마요네즈는 궁합이 잘 맞는다. 이유는 유분을 함유한 마요네즈가 비타민 E의 흡수를 좋게 하기 때문이다.

01 명란젓 1줄을 숟가락으로 으깨 껍질을 벗기고, 알을 눌러 짜낸 후 마요네즈 1큰술을 섞는다.

02 파스타 한줌(100g)을 삶아 소쿠리에 밭쳐 물기를 뺀다.

03 접시에 ②를 담고 ①의 명란 마요네즈를 넣어 버무린다.

새우 토마토 크림 파스타

부드러운 파스타를 먹고 싶다면 이 레시피가 딱!
정성스러운 맛.

01 토마토 2개의 꼭지 반대 부분에 십자 모양으로 칼집을 내고 끓는 물에 30초간 데쳐 차가운 물로 식힌 뒤 손으로 껍질을 벗긴다.

02 껍질 벗긴 토마토를 잘게 으깨고, 마늘 1쪽과 양파 1개도 다진다.

03 프라이팬에 식용유 1큰술을 두른 후, 마늘과 양파를 노릇노릇해질 때까지 중불에서 2분 정도 볶는다.

Tip

크림파스타는 진하고 고소한 맛이 나는 파스타로 크림소스가 그 맛을 낸다. 해산물, 버섯 등 재료만 갖춰지면 얼마든지 만들 수 있다.

04 ③에 칵테일 새우 40g, 청주 2/3컵과 으깬 토마토를 넣고 뚜껑을 덮은 채 센불에서 2분 정도 끓인다.

05 ④에 우유 1/2컵과 쇠고기 분말 1작은술, 토마토케첩 1큰술, 소금 1/2작은술, 후춧가루 1/2작은술을 넣고 새우가 익을 때까지 중불에서 2분 정도 끓인다.

06 파스타 1줌을 삶아 체에 받쳐 물기를 뺀 뒤, ⑤의 소스를 넣고 버무린다.

1인분 재료

- 파스타…1줌(100g)
- 칵테일 새우…40g(냉동 1봉지=400g, 해동 1봉지=200g)
- 우유…1/2컵
- 마늘…1쪽
- 양파…1개
- 토마토…2개
- 식용유…1큰술
- 소고기 분말…1작은술
- 소금…1/2작은술
- 후춧가루…1/2작은술
- 청주…2/3컵
- 토마토케첩…1큰술

일본풍 베이컨 시금치 파스타

간장, 참기름, 베이컨과 시금치, 조미료,
더 이상의 재료는 없어도 된다!

- 파스타···한줌(100g)
- 베이컨···2조각
- 시금치···2포기
- 조미료···1작은술
- 간장···1작은술
- 참기름···1큰술

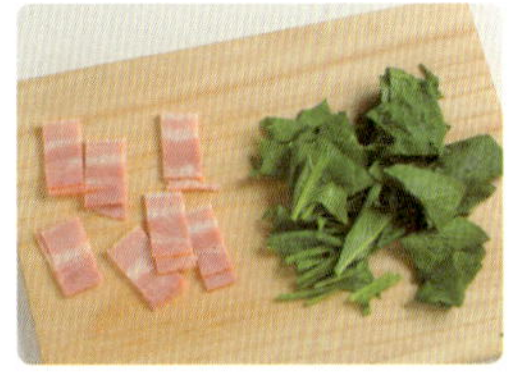

01 베이컨 2조각을 한입 크기로 자르고, 시금치 2포기를 큼직큼직하게 썬다.

02 프라이팬에 참기름 1큰술을 두르고 베이컨과 시금치를 노릇노릇해질 때까지 중불에서 2분 정도 볶는다.

03 파스타 한 줌을 삶아 체에 밭쳐 물기를 뺀 다음 불을 끈 ②의 프라이팬에 파스타, 조미료 1작은술, 간장 1작은술을 넣고 버무린다.

Tip

베이컨은 고기 색깔이 선명하고 지방이 흰색인 것, 윤기가 있는 것이 신선하다.

지중해풍 봉골레 비안코

바지락과 마늘의 환상적인 궁합!
꼭 한 번 드셔보시길!

- 파스타…1줌(100g)
- 마늘…1쪽
- 해감한 바지락…80g(1팩 =150g)
- 식용유…1큰술
- 청주…2/3컵
- 소금…1/2작은술
- 후춧가루…1/2작은술

Tip

봉골레 비안코는 이탈리아 요리로 바지락과 흰포도주를 사용해서 담백한 맛을 살리는 것이 기본이다. 청주로 맛을 내기도 한다.

01 프라이팬에 식용유 1큰술을 두르고, 마늘 1쪽을 어슷 썰어 노릇노릇해질 때까지 중불에서 1분 정도 볶는다.

02 바지락 80g(1팩=150g) 청주 2/3컵을 붓고 뚜껑을 덮어 바지락의 입이 벌어질 때까지 센 불에서 2분 30초 동안 삶는다.

03 파스타 한줌을 삶아 체에 밭쳐 물기를 빼고 불을 끈 ②에 파스타와 소금 1/2작은술, 후춧가루 1/2작은술을 넣고 버무린다.

100번 만든 미트소스 스파게티

고등학생 때부터 수차례 만들어온 혼신의 파스타!.

01 양파 1/4개, 마늘 1쪽, 당근 1/2개를 다진다.

02 프라이팬에 식용유 1큰술을 두르고 ①의 야채를 넣어 노릇노릇해질 때까지 중불에서 2분 정도 볶는다.

03 홀토마토 통조림을 따고 집게로 토마토를 으깬다. ②에 홀토마토 1/2캔을 넣고 중불에서 4분 정도 끓여 소스를 만든다.

Tip

미트소스 스파게티는 이탈리아 사람들이 가장 많이 만들어 먹는 음식이다. 미트소스를 만들어 두부요리, 리조또, 도리아, 라자니아 등 여러 음식에 사용한다.

04 다른 프라이팬에 식용유 2큰술을 두르고, 다진 소고기 50g을 넣고 소고기의 색이 변할 때까지 중불에서 3분 정도 볶는다.

05 ④의 프라이팬에 청주 1컵을 붓고 고기가 익을 때까지 센불에서 1분 정도 더 볶다가 ③을 넣고 쇠고기 분말 1작은술과 소금 1/2작은술, 후춧가루 1/2작은술을 넣고 잘 섞는다.

06 파스타 한줌을 삶아 체에 받쳐 물기를 빼서 그릇에 담고 ⑤의 미트 소스를 뿌린다.

▽ 1인분 재료

- 파스타…한줌(100g)
- 마늘…1쪽
- 양파…1/4개
- 다진…소고기 50g
- 당근…1/2개
- 홀토마토 통조림…1/2캔 (200g)
- 식용유…3큰술
- 소고기 분말…1작은술
- 소금…1/2작은술
- 후춧가루…1/2작은술
- 청주…1컵

마늘과 참기름 향이 나는 일본풍 파스타

마늘이 듬뿍 들어간 새로운 스태미너 파스타!!
생각보다 맛있어 깜짝 놀란다.

Tip

파스타류는 15~20도, 습도는 75% 이하의 상태에서 3개월 정도 보관할 수 있다.

01 프라이팬에 참기름을 두르고 마늘 2쪽을 납작하게 어슷 썰어 노릇노릇해질 때까지 중불에서 1분 30초 정도 볶다가 불을 끈다.

02 파스타 1줌을 삶아 체에 받쳐 물기를 뺀다.

03 ②의 파스타를 ①과 섞은 다음 국수장국 1큰술을 넣어 중불에서 30초 정도 버무린다.

야끼소바 간장라면

소고기 분말, 참기름, 마늘은 가정식 요리를
한 단계 업그레이드시켜 주는 포인트!!

- 야키소바(볶음국수)면…1봉지
- 대파…1/3뿌리
- 물…2컵
- 간장…2큰술
- 소고기 분말…1작은술
- 참기름…1/2작은술
- 다진 마늘…1작은술

Tip

야키소바는 일본 영화
'심야극장'에 나오는 메뉴로
일본풍 볶음국수이다. 길거리
음식이기도 하다.

01 대파 1/3뿌리를 한입
크기(약 2~3cm)로 어슷
썬다.

02 냄비에 물 2컵과 간장
2큰술, 소고기 분말
1작은술, 참기름 1/2작은
술, 다진 마늘 1작은술,
대파를 넣고 중불에서
끓인다.

03 약불로 줄여 4분이 지나면
야키소바 면 1봉지를
넣고 30초 정도 면을
풀어주면서 볶는다.

멈출 수 없는 맛,
해산물 야키소바

해산물의 감칠맛과 쫄깃한 면,
소금소스가 절묘하게 들어맞는 면요리!!

- 야키소바(볶음국수) 면…1봉지
- 칵테일 새우…40g(냉동1봉지
  =400g, 해동=200g)
- 해감한 바지락…80g(1봉지
  =150g)
- 마늘…1쪽
- 청주…1/2컵
- 저염맛소금…1큰술
- 샐러드유…1큰술

01 프라이팬에 샐러드유
1큰술을 두르고 어슷 썬
마늘, 칵테일 새우 40g,
바지락 80g, 청주 1/2컵을
붓는다.

02 뚜껑을 덮고 센불에서 2분
정도 익히다가 바지락의
입이 벌어지면 약불로
줄이고 야키소바 면
1봉지를 넣는다.

03 면을 풀어주면서 2분
정도 더 볶다가 불을 끈다.
저염맛소금 1큰술을 넣고
버무린다.

원문의 규가쿠 소금소스는 구하기
어려우므로 저염 맛소금으로
대체한다.

저염 맛소금 만들기
①대파 50g, 당근 50g, 피망 50g을
잘게 다져 말린다.
②말린 야채에 통깨 50g, 소금
50g을 섞어 믹서에 간다.

chapter
5

식탁을 활기차게 만드는 믿음직한 반찬!

집에서 혼자 밥을 먹을 때 반찬을 소홀히 하는 경우가 많다. 그래서 반찬도 밥처럼
간단히 만들 수 있으면 좋겠다는 생각을 늘 해왔다. 이번에는 빨리 만들 수 있지만
제대로 된 맛있는 반찬을 소개한다.

참돔 카르파초

간편하고 쉽게 멋을 부리며 만들 수 있는 반찬!!

1인분 재료

- 참돔(생선회용)…1 덩어리
- 토마토…1/2개
- 파슬리 가루…1작은술
- 식초…1큰술
- 올리브오일…1큰술
- 다진 마늘…1작은술

Tip

카르파초는 이탈리아의
전채요리로 익히지 않은 소고기,
송아지고기, 사슴고기, 연어, 참치
등에 소스를 뿌려 먹는다.

01 참돔 1덩어리를 포뜨고
(한입 크기 정도, 얇은
생선회 모양), 파슬리 가루
1 작은술과 토마토 1/2개를
잘게 썰어 준비한다.

02 볼에 식초 1큰술,
올리브오일 1큰술, 다진
마늘 1작은술을 섞는다.

03 ②에 ①을 섞어 접시에
보기 좋게 담는다.

포만감 높은 독일풍 포테이토

감자와 베이컨은 식감도 맛도 최고의 조합이다.
안주로도 좋다!

♡ **1인분 재료**

- 감자…2개
- 베이컨…2조각
- 양파…1/2개
- 파슬리…1작은술
- 소금…1/2작은술
- 후춧가루…1/2작은술
- 샐러드유…1작은 술

Tip

푸짐한 맥주 안주로 좋고 와인과
정종에도 잘 어울린다. 이 음식은
독일인들이 스테이크를 먹을 때
함께 즐겨 먹는 음식이다.

01 감자 2개를 준비해 껍질째
반달 모양으로 썰고
전자레인지(700W)에서
3분 40초 정도 가열한다.
양파 1/2개는 얇게 채 썰고,
베이컨은 한입 크기로
썰고 파슬리를 다져
1/2작은술을 준비한다.

02 프라이팬에 샐러드유
1작은술을 두르고, 베이컨,
양파를 넣고 중불에서
2분 볶은 뒤, 감자, 소금
1/2작은술, 후춧가루
1/2작은술을 넣고 30초 더
볶는다.

03 불을 끄고 잘게 썬 파슬리
가루를 뿌리고 버무린다.

따끈따끈 고로케

튀김의 맛은 특별하다.
막 튀겨낸 고로케을 먹고 싶다면 직접 만드는 게 최고!

01 감자 2개를 준비해 껍질을 필러로 벗기고 한입 크기로 잘라 전자레인지(700W)에서 5분 10초 가열한다. 양파 1/2개는 다진다.

02 프라이팬에 샐러드유 1작은술을 두르고 양파를 넣고 중불에서 2분 동안 볶다가 불을 끈다.

03 그릇에 ①의 감자를 넣고 숟가락이나 매셔로 으깬다.

04 ③의 그릇에 ②의 양파를 넣고 섞은 다음 3등분해서 타원형으로 만든다. 그릇에 밀가루 1큰술과 달걀 1개를 넣고 소금과 후춧가루를 1번씩 뿌려서 잘 섞어 달걀 물을 만든다.

05 납작한 그릇에 빵가루를 담아 타원형으로 뭉친 감자를 달걀 물과 빵가루 순으로 골고루 입힌다.

06 튀김용 냄비에 5㎝ 정도의 기름을 붓고 중불에서 끓여, 빵가루를 떨어뜨렸을 때 떠오르면(180도) ⑤를 넣고 옅은 갈색이 될 때까지 중불에서 3분 정도 튀기고 키친타월로 기름을 뺀다.

▽ 1인분 재료

- 감자…2개
- 양파…1/2개
- 빵가루…1/2 컵
- 달걀…1개
- 소금…1g(1번 뿌림)
- 후춧가루…1g
- 샐러드유…튀김용 냄비의 바닥에서 5㎝ 정도 되는 양 + 1 작은술
- 밀가루…1큰술

Tip

고로케는 유럽의 크로켓을 일본식으로 만든 것이다. 한국에도 전국 각지에 특색 있는 고로케를 만들어 유통하고 있다.

술안주로 좋은 전갱이무침

간단한데 너무 맛있다……ㅎㅎ
처음 만들어 먹었을 때의 감동을 잊을 수가 없다.

- 생선회용 전갱이…2토막
- 차조기 잎…1장
- 마늘…1/2쪽
- 대파…10㎝
- 된장(좋아하는 종류)…1작은술
- 간장…5방울

01 생선회용 전갱이 2토막을 잘게 채 썰고. 차조기 잎도 채 썬다. 마늘 1/2쪽은 다지고, 대파 10㎝는 송송 썬다.

02 그릇에 채 썬 전갱이, 다진 마늘, 대파, 된장 1작은술, 간장 5방울을 떨어뜨려 섞는다.

03 양념이 고루 배면 그릇에 담고 차조기 잎을 얹어 섞어 먹는다.

Tip

전갱이는 4~7월이 가장 맛있다. 기름기가 많아 구이용으로 적당하지만 회무침으로 만들어 먹어도 고소하다.

마늘오일 퐁듀

올리브 오일과 마늘을 듬뿍. 기름에 마늘향이 배어
그것만으로도 충분히 맛있다.

- 마늘…2쪽
- 식빵…1장
- 올리브오일…5큰술
- 소금…1/2작은술
- 후춧가루…1/2작은술

01 프라이팬에 올리브오일 5큰술을 두르고 얇게 저며 썬 마늘을 넣어 약불에서 4분 30초 정도 볶는다.

02 마늘이 파삭파삭해지면 소금 1/2작은술, 후춧가루 1/2작은술을 넣고 불을 끈다.

03 ②를 오목한 그릇에 담고 토스트한 식빵을 찍어 먹는다.

Tip

퐁듀는 꼬치 음식을 녹인 치즈에 찍어 먹는 스위스 요리. 원래 항아리에 치즈나 초콜릿을 녹여 각종 음식을 찍어 먹는 알프스 지역의 전통요리다.

가지와 만두피로 만든 라자냐

뜨끈뜨끈하고 쫀득쫀득한 층층의 맛.
정성과 노력이 맛을 결정한다.

01 프라이팬에 버터 1작은술을 놓고 약불에서 녹인 후 밀가루 1큰술을 넣어 긴 젓가락으로 휘저으면서 밀가루가 알맞게 구워질 때까지 약불에서 1분 정도 볶는다.

02 볶은 밀가루에 우유 2/3컵을 조금씩 부으면서 섞어주다가 부드러워지면 불을 끈다.

03 가지 1개의 꼭지를 따고 절반으로 자른 다음, 다시 세로로 3~4등분해서 다른 프라이팬에 올려놓고 중불에서 1분간 굽는다.

04 내열 접시에 ②의 화이트소스에서 절반, ③의 가지, 미트소스 통조림에서 절반을 넣는다.

05 ④위에 만두피 2장을 얹고, 그 위에 남은 화이트소스와 미트소스를 순서대로 붓는다.

06 마지막으로 피자용 치즈 2웅큼을 골고루 뿌리고 200도로 예열한 오븐에서 10분간 굽는다.

- 만두피…2장
- 미트소스 통조림…150g
- 우유…2/3컵
- 가지…1개
- 피자용 치즈…2웅큼
- 버터…1작은술
- 밀가루…1큰술

Tip

라자냐는 지방 함량이 매우 높지만 맛이 좋아 누구나 잘 먹는다. 이탈리아나 미국에서는 가정에서 흔히 만들어 먹는데 라자냐 면이 없을 때는 만두피를 이용해도 맛이 같다.

폭신폭신한 갈릭 오믈렛

매콤한 오믈렛.
달걀과 고추기름 오믈렛은 토마토케첩이 없어도 맛있다.

- 달걀…2개
- 고추기름…1큰술
- 샐러드유…1큰술

Tip

갈릭은 마늘을 곱게 다져 만든 조미료로 여러가지 요리에 사용한다.

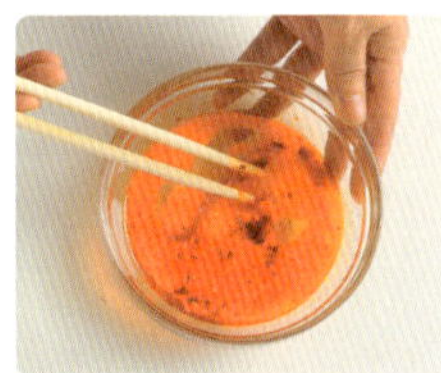

__01__ 달걀 2개와 고추기름 1큰술을 섞는다.

__02__ 프라이팬에 샐러드유 1큰술을 두르고 고추기름 섞은 달걀을 넣어 중불에서 긴 젓가락으로 빠르게 휘저으면서 볶는다.

__03__ 볶으면서 오믈렛 모양을 만든다.

바삭바삭한 꽁치양배추샐러드

중독성 있는 짠맛과 바삭바삭 맛있게 구운 꽁치!
술안주로도 손색없는 샐러드.

▽ **1인분 재료**

- 발라놓은 꽁치…1/2토막
- 양배춧잎…3~5장
- 저염 맛 포테이토칩…4개
- 소금…2작은술
- 샐러드유…1큰술

Tip

꽁치가 가장 맛있는 시기는 10월에서 11월이다. 비린내가 강한 생선이므로 굽거나 통조림으로 많이 먹는데 싱싱해야 구이가 맛있다.

01 양배춧잎 3~5장을 굵게 채 썰어 소금 2작은술과 함께 비닐봉지에 넣고 가볍게 비빈다.

02 꽁치 1/2토막을 2×2㎝ 정도의 먹기 쉬운 크기로 잘라 프라이팬에 샐러드유 1큰술을 두르고 앞뒤가 다 익을 때까지 센불에서 2분 30초 정도 굽는다.

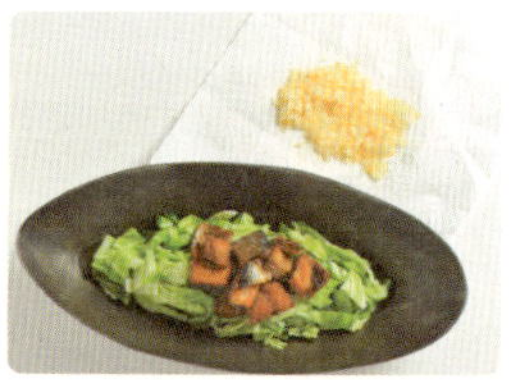

03 그릇에 ①의 양배추를 담고 그 위에 구운 꽁치를 올린 뒤 저염 맛 포테이토칩 4개를 잘게 부숴 뿌린다.

양배추 콜슬로 샐러드

겨자 마요네즈의 멈출 수 없는 맛!
술안주로도 좋고 다이어트에도 좋다.

- 양배춧잎…3장
- 마요네즈…1큰술
- 겨자…1작은술
- 소금…1g(1번 뿌림)
- 후춧가루…1g(1번 뿌림)

01 양배춧잎 3장을 채쳐서 전자레인지(700W)에서 48초 정도 가열한다.

02 키친타월로 양배추의 물기를 닦아낸다.

03 ②의 양배추에 마요네즈 1큰술, 겨자 1작은술, 소금과 후춧가루를 한 번씩 뿌려 버무린다.

Tip

콜슬로는 차가운 '양배추'를 뜻하는 네덜란드 말이다. 다이어트 음식으로 많이 만들어 먹는다.

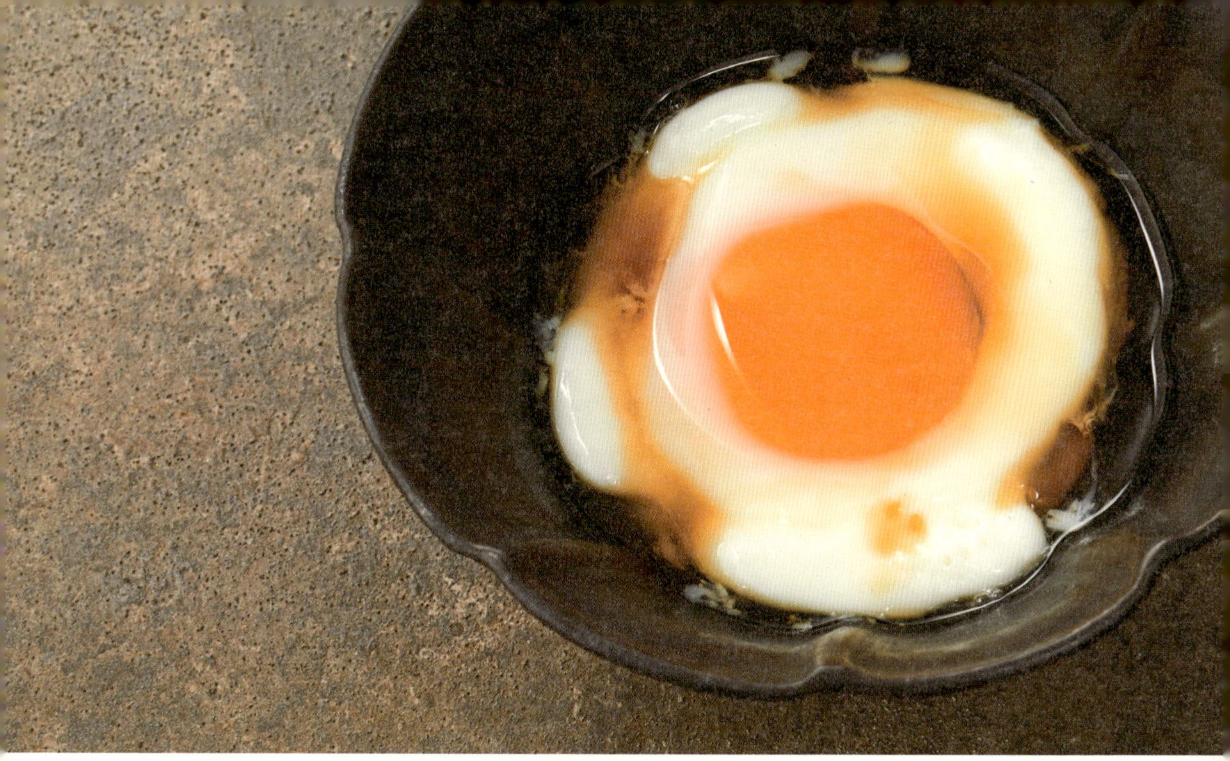

1분 만에 만드는 온천달걀

초스피드 레시피!
그릇, 숟가락, 레시피만 있으면 OK! 우선 시도해 보자!

▽ 1인분 재료

- 달걀…1개
- 물…1큰술
- 국수장국(2배 농축)…1작은술

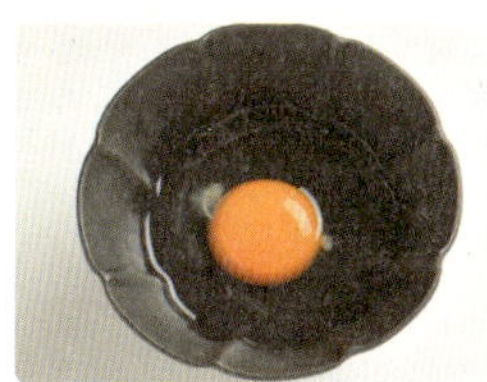

01 작은 그릇에 물 1큰술을 넣고, 달걀 1개를 깨뜨려 넣는다.

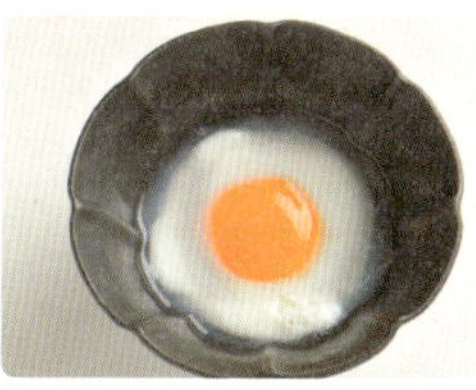

02 전자레인지(700W)에서 30~50초 정도, 흰자가 굳고 노른자가 익기 시작할 때까지 가열한다.

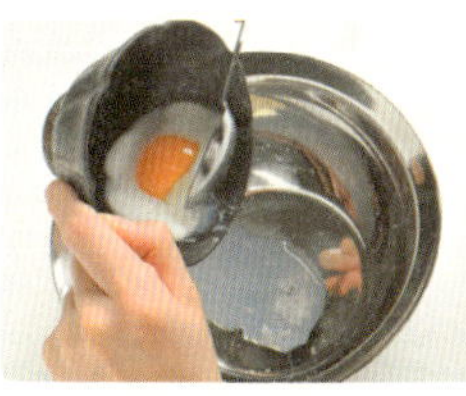

03 그릇에 남은 물을 버리고 국수장국 1작은술을 뿌린다.

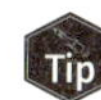

Tip

온천달걀은 온천이 많은 일본에서 온천물에 달걀을 익혀 먹는 것에서 유래되었다.

'배고픈 그리즐리'의
요리 비법!

"채소를 많이 먹고 싶을 때는 국물 요리에 남은 채소를 넣어 먹자."

혼자 사는 사람이나 1인분 레시피에서 빠지기 쉬운 것이 채소이다. 요리를 할 때 당근 1/4개나 양파 1/4개처럼 소량의 채소를 사용하고 나면 남은 것은 버리거나, 남겨 두어도 어떻게 써야 할지 곤란할 때가 많다. 그럴 때는 된장국 같은 국물 요리에 남은 채소를 듬뿍 넣어 보자. 국물 요리에 채소를 많이 넣으면 국물의 맛이 진해지고, 많은 채소를 한 번에 섭취할 수도 있어 영양만점이다. 게다가 유통기한이 다 되어가는 남은 채소도 처리할 수 있어 1석 3조다. 국물 요리를 할 때 냉장고에 남아 있는 채소를 넣으면 그때그때 맛도 달라져 즐거움도 배가 된다. 채소가 부족하다 싶으면 건더기 많은 국물 요리로 몸도 마음도 따뜻해지는 기분을 느껴보면 어떨까?

chapter
6

일품요리로 한 끼 해결! 밥류

면류에 이어 '싸고, 간단하고, 맛있는' 요리의 대표는 역시 밥이다.
전 세계인이 즐겨 먹는 쌀 요리의 가능성은 무한하다. 오므라이스, 오야코동, 파에야,
리조또, 주먹밥, 볶음밥 등등……
배가 고플 때 가장 먹고 싶은 것은 역시 밥이다. 자신감 있게 추천하는 12개의 레시피를
소개한다.

부드럽고 폭신폭신한 오므라이스

달걀과 토마토케첩의 조합이 환상적이다!
간단하게 먹고 싶을 땐 오므라이스가 최고!

01 양파 1/2개, 당근 1/2개를 잘게 썰어 전자레인지(700W)에서 3분 12초 가열한다. 접시에 달걀 2개를 푼다.

02 프라이팬에 버터 1작은술을 녹이고, 다진 고기 1.5큰술을 넣어 중불에서 2분 30초 정도 고기가 익을 때까지 볶는다.

03 ②의 프라이팬에 ①의 양파와 당근을 넣고 중불에서 30초 정도 더 볶는다.

04 밥 2/3공기, 토마토케첩 2큰술, 쇠고기 분말 1작은술, 소금과 후춧가루를 한 번씩 뿌리고 중불에서 1분 정도 더 볶아 그릇에 담는다.

05 프라이팬에 샐러드유 1큰술을 두르고 중불에서 ①의 달걀을 큰 원을 그리듯이 천천히 붓는다.

06 달걀을 한쪽만 20초 정도 부치다가 반숙이 되면 ④에 올리고 취향에 따라 토마토케첩을 뿌린다.

▽ 1인분 재료

- 양파…1/2개
- 당근…1/2개
- 다진 쇠고기…1.5큰술
- 밥…2/3공기
- 달걀…2개
- 소금…1g(1번 뿌림)
- 후춧가루…1g
- 쇠고기 분말…1작은술
- 버터…1작은술
- 토마토케첩…2큰술+취향에 따라 추가
- 샐러드유…1큰술

닭가슴살 오야코동

닭고기와 달걀만 있으면 밥 한 그릇이 뚝딱 만들어진다.
덮밥 한 그릇으로 행복한 시간을 맛보자

▽ 1인분 재료

- 닭가슴살…큰것 1조각(잘라서 파는 것 3조각)
- 달걀…2개
- 양파…1/2개
- 밥…2/3공기
- 청주…1큰술
- 설탕…1큰술
- 간장…1큰술
- 샐러드유…1큰술
- 조미료…1작은술
- 물…1/2컵

Tip

오야코동은 일본식 '닭고기 달걀덮밥'으로 신선한 달걀과 닭고기를 살짝 익혀서 만들기 때문에 입맛에 안 맞는 경우도 있다.

01 양파 1/2개는 채 썰고, 닭가슴살은 한입 크기로 자른다. 프라이팬에 샐러드유 1큰술을 두르고 양파와 닭가슴살을 익을 때까지 중불에서 볶는다.

02 ①에 물 1/2컵과 청주 1큰술, 설탕 1큰술, 간장 1큰술, 조미료 1작은 술을 넣고 잘 저으면서 중불에서 3분 정도 조린다.

03 ②에 달걀 2개를 풀어서 붓고 뚜껑을 덮은 후 달걀이 반숙이 될 때까지 약불에서 익힌 다음 밥 2/3공기 위에 올린다.

완전 맛있는 새우버터밥

산뜻한 필래프 풍미의 밥과 싱싱한 새우로 포만감 최고!

- 칵테일 새우…7~8마리(40g)
- 달걀…1개
- 밥…2/3공기
- 마늘…1쪽
- 저염 맛소금…1큰술
- 버터…2작은술

Tip

저염 맛소금 70쪽 참조

01 달걀 1개를 풀고 마늘 1쪽을 얇게 어슷 썬다. 프라이팬에 버터 1작은술을 녹이고, 어슷 썬 마늘, 칵테일 새우 7마리를 넣어 중불에서 2분 30초 정도 볶는다.

02 ①의 새우가 익으면 버터 1작은술, 푼 달걀 1개, 밥 2/3공기와 저염 맛소금 1큰술을 섞는다.

03 ②를 센불에 올려서 국자로 밥 덩어리를 으깨듯이 1분 정도 볶는다.

마늘치킨덮밥

파! 소금! 마늘! 닭고기!
재료를 전부 섞어 최고의 덮밥 완성!

- 닭다리 살…큰것 1조각(잘라서 파는 것 3조각)
- 대파…10㎝
- 마늘…1쪽
- 밥…2/3공기
- 샐러드유…1큰술
- 저염 맛소금…2큰술

Tip

저염 맛소금은 한꺼번에 넣지 말고 간을 보아가며 넣는다.

01 마늘 1쪽을 얇게 어슷 썰고, 뼈를 발라낸 닭다리살 1조각, 대파 10㎝를 한입 크기로 자른다.

02 프라이팬에 샐러드유 1큰술을 두르고, 대파를 넣어 향을 낸 뒤 닭다리살을 넣어 완전히 익을 때까지 중불에서 볶는다.

03 불을 끄고 저염 맛소금 2큰술을 뿌려 버무린 뒤, 밥 2/3공기 위에 닭다리 볶은 것을 얹는다.

카레 리조또식 파에야

해산물 카레처럼 매콤하고 맛있는 파에야.

- 밥…2/3공기
- 마늘…1쪽
- 해감한 바지락…7~8개
- 칵테일 새우…12마리
- 카레가루…1큰술
- 식용유…1큰술
- 소고기 분말…1작은술
- 청주…1/2컵

01 마늘 1쪽을 얇게 어슷 썬다.

02 프라이팬에 식용유 1큰술을 두르고, 마늘을 넣어 약불에서 3분 정도 볶다가 바지락 7~8개, 칵테일 새우 12개, 청주 1/2컵을 붓고 뚜껑을 덮은 뒤 센불에 올려 삶는다.

03 바지락의 입이 벌어지면 약불로 줄이고 카레가루 1큰술, 소고기 분말 1작은술, 밥 2/3공기를 넣고 잘 섞는다.

Tip

파에야는 발렌시아 어로 '프라이팬'이라는 뜻. 스페인의 철판볶음밥을 파에야라 하며 향이 독특하다.

중독성 있는 매운맛! 마파두부죽

마파두부 소스를 넣은 죽!
푹신푹신한 달걀과 따끈따끈 매콤한 밥의 조화가 최고!

♡ 1인분 재료

- 마파두부소스…1.5인분
- 달걀…1개
- 쌀…1/2컵
- 물(죽 용)…1컵
- 마파두부…소스에 들어 있는 전분가루 1.5인분
- 물…1큰술(전분가루 개는 용도)

마파두부 소스는 중국의 두반장과 굴소스로 매콤하고 독특한 향으로 만든 소스이다. 마트에서 살 수 있다.

01 마파두부소스 1.5인분에 물 1큰술을 섞어 놓고, 달걀 1개를 푼다. 프라이팬에 물 1/2컵을 붓고 마파두부소스를 넣어 중불에서 2분 정도 끓인다.

02 쌀 1/2컵을 가볍게 씻어 물에 개어놓은 마파두부소스와 함께 프라이팬에 넣어 중불에서 저어 가면서 끓인다.

03 보글보글 끓어오르면 풀어놓은 달걀을 넣고 뚜껑을 덮은 후 30초~1분 정도 기다린다.

부드러운 맛으로 한 몫 하는 우유 리조또

말이 필요 없는
심플한 재료의 조합이 끝내주는 리조또 탄생!!

- 밥…1/2공기
- 양파…1/2개
- 우유…1/2컵
- 소고기 분말…1작은술
- 샐러드유…1큰술
- 치즈가루…2작은술

Tip

리조또는 이탈리아의
전통음식으로 쌀을 주재료로
만든 음식 중의 하나다.

01 프라이팬에 샐러드유
1큰술을 두르고 양파
1/2개를 다져 넣고
중불에서 3분 정도 볶는다.

02 ①에 우유 1/2컵과
소고기분말 1작은술을
넣고 우유가 끓기 시작할
때까지 2분 30초 정도
끓인다.

03 중불을 유지한 채 밥
1/2공기를 넣고 1분 30초
정도 더 끓인 다음 그릇에
담는다. 치즈가루를
3~4번 뿌린다.

참돔으로 만드는 도미 오차즈케

도미, 밥, 물만 있으면 완성!
도미의 감칠맛을 즐길 수 있는 일품요리다.

- 참돔(생선회용)…7점
- 밥…1/2공기
- 물…3/4컵
- 녹차…1작은술

01 참돔 7점을 포 뜬다(칼을 비스듬하게 해서 왼쪽 위에서 칼을 넣는다).

02 냄비에 물 3/4컵과 녹차 1작은술을 넣고 센불에서 2분 정도 끓여 우린다.

03 밥 1/2공기 위에 ①의 도미를 올리고 녹차 우린 물을 붓는다.

Tip

오차쓰케는 녹차 우려낸 물에 밥을 말아 먹는 일본의 대표적인 전통음식이다. 한국에도 젊은이들에게 인기있는 메뉴다. 인기영화 심야극장에서 소개되어 더 유명해 졌다.

치즈구이 오니기리

주먹밥 1개로 포만감 가득!
오븐 토스터에서 치즈가 녹는 시간은 행복한 시간.

- 밥…1/2공기
- 피자용 슬라이스…치즈 1장
- 간장…1작은술

01 손에 물을 묻힌 상태에서 밥 1/2공기를 쥐고 주먹밥 모양을 만든다.

02 ①의 한쪽 면에 간장 1작은술을 뿌리고, 피자용 슬라이스 치즈 1장을 올린다.

03 오븐 토스터에 알루미늄 호일을 깔고 그 위에 ②를 올린 뒤, 치즈가 노릇노릇해질 때까지 6~7분 동안 굽는다.

Tip

오니기리는 일본식 주먹밥이다. 현대인들에게 인기 있는 삼각김밥이 오니기리에서 유래되었다.

고추기름의 매콤한 볶음밥

멈출 수 없는 맛, 매콤한 볶음밥!
후다닥 만들어 후딱 먹자!

🖤 **1인분 재료**

- 밥…2/3공기
- 달걀…1개
- 고추기름…2큰술
- 소금…1/2작은술
- 후춧가루…1/2작은술
- 샐러드유…2큰술

Tip

고추기름은 마트에서 쉽게 구입할 수 있지만 집에서 만들어서 보관하면 여러 음식에 이용할 수 있다.

★ **전자레인지로 고추기름 만들기**
1. 내열그릇에 고춧가루 2큰술, 다진 대파, 다진 마늘 각각 1큰술씩, 식용유 10큰술을 섞은 후 랩을 씌우고 구멍을 2~3개 뚫는다.

2. 고춧가루 푼 그릇을 전자레인지에 넣어 30초씩 두 번에 나누어 1분 돌린 후 체에 밭쳐 맑은 고추기름을 받는다.

01 달걀 1개를 풀어 고추기름 2큰술을 섞는다.

02 센불에서 달군 프라이팬에 샐러드유 2큰술을 두르고, 풀어놓은 달걀과 밥 2/3공기를 넣어 국자로 밥을 으깨듯이 섞어 빠르게 볶는다.

03 밥알이 꼬들꼬들해지면 소금 1/2작은술, 후춧가루 1/2작은술을 넣고 맛을 낸다.

완전 별미 정어리구이 덮밥

정어리 맛에 빠져보자!
달콤한 소스에 밥이 술술 넘어간다.

1인분 재료

- 정어리…2토막
- 밥…1/2공기
- 청주…2큰술
- 간장…1.5큰술
- 설탕…1큰술
- 밀가루…2큰술
- 샐러드유…1큰술

Tip

정어리는 9월~11월이 제철이며 등푸른 생선이다. 지방을 많이 함유하고 있어 맛이 진하고 고소하지만 산화하기 쉬우므로 제철에 나는 신선한 것으로 만들어 먹는 게 좋다.

01 그릇에 청주 2큰술과 간장 1.5큰술, 설탕 1큰술을 섞어 소스를 만들어 놓고, 배를 갈라 말린 정어리 2토막 전체에 밀가루 2큰술을 가볍게 묻혀 놓는다.

02 프라이팬에 샐러드유 1큰술을 두르고 달군 뒤, 정어리 앞뒤 면이 노릇노릇하게 익을 때까지 중불에서 구운 후 불을 끄고 ①의 소스를 정어리 전체에 바른다.

03 밥 1/2공기 위에 ②의 정어리를 올리고, 프라이팬에 남은 소스 3큰술을 뿌리면 완성.

클램차우더 리조또

바지락 육수와 우유의 부드러운 맛이 녹아서 하나가 된다.
조리법도 간단!

- 해감한 바지락…2/3봉지
- 밥…1/2공기
- 우유…1/2컵
- 청주…1/2컵
- 소고기 분말…1작은술

01 프라이팬에 바지락 100g,
청주 1/2컵을 붓고 뚜껑을
덮은 채 센불에서 2분 동안
삶는다.

02 바지락의 입이 벌어지면
우유 1/2컵, 소고기 분말
1작은술을 넣고 바짝
졸아들 때까지 중불에서
삶는다.

03 바지락 소스에 밥 1/2공기를
넣고 섞는다.

Tip

해감하지 않은 바지락을 구입했을
때는 소금물에 담가 호일을 씌운
후 냉장고에 30분 이상 두었다가
사용한다. 클램차우더리조또는
대합을 넣은 야채수프다.

chapter 7

"오늘은 꼭 고기를 먹어야지!", "고기를 원도 없이 먹고 싶다!", "따뜻한 밥이랑 고기랑 먹고 싶다!" 직접 만든 고기 요리는 이런 마음을 전부 받아준다.

오늘은 직접 고기 요리를 만들어 실컷 먹어보는 즐거움을 누리자.

정성껏 준비한 고기요리와 따뜻한 흰쌀밥 한 그릇! 밥이 술술 넘어가는 최고의 고기 요리 11개의 레시피를 준비했다.

닭날개 콜라조림

달콤하고 부드러운 닭날개.
맛을 보면 알 수 있는 그 맛!!

♡ **1인분 재료**

- 닭날개…3개
- 콜라…1캔
- 간장…4큰술
- 소금…1/2작은술
- 후춧가루…1/2작 술

Tip

맥주 안주로 그만! 단맛도 나고
약간 짭조름한 감칠맛이 있다.

01 냄비에 닭날개 3개, 콜라 1캔(닭날개가 절반 정도 잠길 만큼), 간장 4큰술, 소금 1/2작은술, 후춧가루 1/2작은술을 넣고 중불에서 15분 동안 푹 삶는다.

02 불순물(위에 뜨는 거품)을 국자로 건져내고 뚜껑을 덮는다.

03 약불로 줄여 푹 익을 때까지 삶는다.

명란마요네즈치킨

밥이 술술 넘어가는 닭고기의 촉촉하고 깊은 맛!!

♡ **1인분 재료**

- 닭다리살…4조각
- 명란젓…2줄
- 마요네즈…3큰술
- 샐러드유…1큰술

Tip

닭다리 살을 프라이팬에 익혀야 하므로 뼈를 발라낸 닭다리 2개를 4~5 조각으로 잘라서 구워야 속까지 익는다.

01 볼에 닭다리살 4조각, 명란 2줄, 마요네즈 3큰술을 섞어 양념한다.

02 프라이팬에 샐러드유 1큰술을 두르고 달군 뒤, 양념한 닭다리살을 넣어 중불에서 앞뒤 표면이 노릇노릇해질 때까지 굽는다.

03 뚜껑을 덮고 약불로 줄인 다음 닭고기가 완전히 익을 때까지(5~7분 정도) 더 굽는다.

바짝 구운 햄버거

조리법은 간단하지만 대단한 맛과 만족감!
실패할 확률이 낮고 만족도는 최고!

01 프라이팬에 샐러드유
1큰술을 두르고, 양파
1/2개를 다져 넣어
중불에서 3분 동안 볶은
후 불을 끈 채로 10분 정도
식힌다.

02 볼에 우유 1큰술,
달걀노른자 1개, 빵가루
3큰술을 섞는다.

03 ①의 양파와 다진 쇠고기
1/2컵을 ②의 볼에 넣고
손으로 반죽해 햄버거
모양을 만든다.

04 프라이팬에 샐러드유 1큰술을 두르고 중불에서 달군 뒤, ③을 넣고 노릇노릇해질 때까지 센불에서 앞뒤로 굽는다.

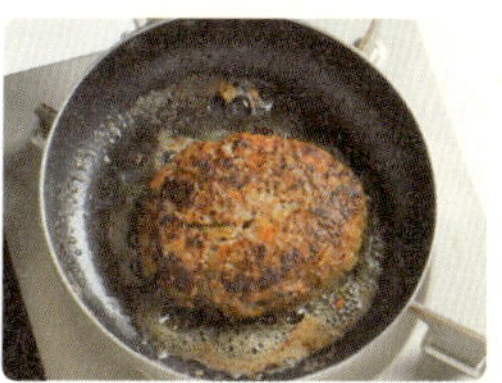

05 센불에서 탄 자국이 나면 불을 약하게 하고 5분 정도 더 구우면서 전체적으로 익힌다.

06 다 익으면 버터 1작은술, 청주 3큰술, 토마토케첩 1큰술, 소스 2작은 술, 간장 1작은술, 소금 1/2작은술, 후춧가루 1/2작은술을 넣고 보글보글 끓어오를 때까지 중불에서 바짝 조린다.

♡ 1인분 재료

- 다진 소고기…1/2컵
- 양파…1/2개
- 우유…1큰술
- 달걀…1개
- 빵가루…3큰술
- 샐러드유…2큰술
- 소금…1/2작은술
- 후춧가루…1/2작은술
- 청주…3큰술
- 버터…1작은술
- 토마토케첩…1큰술
- 소스…2작은술
- 간장…1작은술

Tip

햄버거는 원래 말을 타고 초원을 달리던 타타르족의 스테이크를 독일의 함부르크 상인들이 발견해서 발전시킨 음식이다.

데리야키 치킨

멈출 수 없는 달콤함, 데리야키 치킨.
젓가락질이 멈추지 않는다.

- 닭다리살…2개
- 청주…1큰술
- 설탕…1.5큰술
- 간장…1큰술
- 샐러드유…1큰술

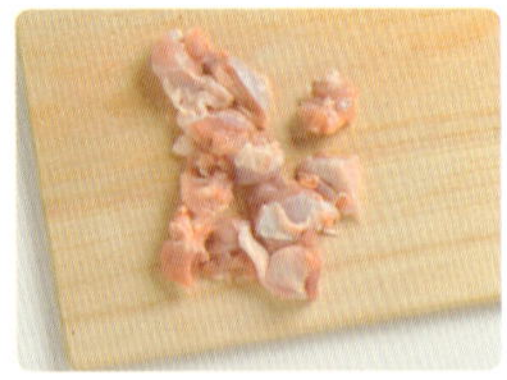

01 그릇에 간장 1큰술, 설탕 1.5큰술, 청주 1큰술을 섞어 소스를 만들어 놓고 닭다리살 2개를 한입 크기로 자른다.

02 프라이팬에 샐러드유 1큰술을 두르고 중불에서 닭고기가 완전히 익을 때까지 앞뒤로(5~7분 정도) 천천히 굽는다.

03 불을 끄고 닭다리 살에 ①의 소스를 바른다.

Tip

데리야끼는 간장, 설탕, 술, 생강 등의 양념으로 소스를 만들어 고기나 생선에 발라 굽는 일본 요리법이다.

가정식 생강구이

밥이 술술 넘어가는 고기 요리 중 상위를 차지하는 반찬. 밥은 필수!

- 닭다리살…4조각
- 청주…1큰술
- 간장…2큰술
- 샐러드유…1큰술
- 다진 생강…1큰술

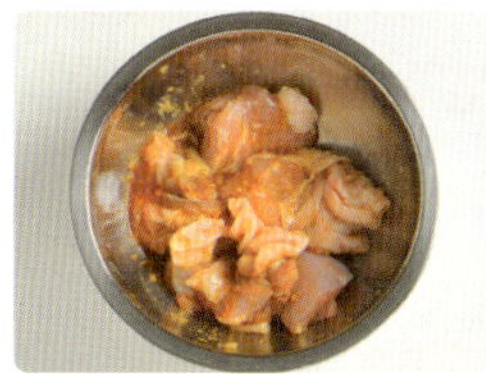

01 볼에 닭다리살 4조각, 다진 생강 1큰술, 간장 2큰술, 청주 1큰술을 넣고 잘 섞은 다음 랩을 씌워 냉장고에서 30분간 재운다.

02 프라이팬에 샐러드유 1큰술을 두르고 중불로 달군 뒤, ①을 넣고 앞뒤로 뒤집으면서 노릇노릇해질 때까지 3분 정도 조린다.

03 닭고기 살이 어느 정도 익으면 약불로 줄이고 뚜껑을 덮은 채 닭고기가 완전히 익을 때까지(5~7분 정도) 더 굽는다.

Tip

일본에서는 쇼가야끼라고 해서 집 반찬으로 돼지고기나 닭고기에 생강즙을 발라 구이로 만들어 먹는 가정이 많다.

탄두리 치킨

매콤함 + 부드러움 = 맛있는 탄두리 치킨!
카레가루와 요구르트의 절묘한 조화!!

- 닭다리…4개
- 플레인요구르트…1개
- 카레가루…1큰술
- 소금…1/4작은술
- 후춧가루…1/4작은술
- 샐러드유…1큰술

탄두리치킨은 요구르트와
향신료로 양념 한 닭고기를
항아리 모양으로 생긴 화덕에
구워낸 요리이다.

01 볼에 닭다리 4개, 요구르트 1개, 카레가루 1큰술, 소금 1/4작은술, 후춧가루 1/4작은술을 섞어 양념한다.

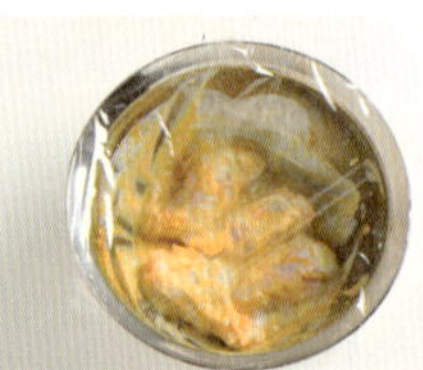

02 양념한 닭다리 그릇에 랩을 씌운 후 냉장고에 넣어 30동안 재운다.

03 프라이팬에 샐러드유 1큰술을 두르고 양념에 잰 닭고기를 센불에서 앞뒤로 노릇노릇해 질때까지 구운 후 뚜껑을 덮고 약불로 줄여 속까지 완전히 익힌다.

닭 간 부추볶음

밥이 술술 넘어가는 건강 레시피!
야채가 듬뿍 들어간 영양만점 닭간 부추볶음.

- 닭간…120g(한손에 가득하고 남을 정도)
- 부추…7~8줄기
- 대파…1/2뿌리
- 된장…2작은술
- 소금…1/2작은술
- 후춧가루…1/2작은술
- 간장…2작은술
- 다진 마늘…1작은술
- 다진 생강…1작은술
- 샐러드유…1큰술

Tip

닭간은 얇은 막을 벗겨내고
우유에 20분 정도 담갔다가 물에
씻어 사용해야 냄새가 없어진다.

01 그릇에 다진 마늘 1작은술, 다진 생강 1작은술, 된장 2작은술, 간장 2작은술을 넣고 소금과 후춧가루를 2번씩 뿌려 잘 섞어준다.

02 부추 7~8줄기를 큼직큼직 썰고, 대파 1/2뿌리는 어슷 썰고, 닭간은 큰 덩어리를 한입 크기로 자른다.

03 프라이팬에 샐러드유 1큰술과 ②의 간, 부추, 대파를 넣고 중불에서 5~7분 정도 볶다가 간이 완전히 익으면 약불로 줄이고 ①의 소스를 부어 버무린다.

삼겹살 배추찜

배추에서 나오는 수분으로 찌기 때문에 배추, 삼겹살, 소금,
후춧가루만 있으면 된다.

- 배춧잎…10장
- 얇게 썬 삼겹살…3∼4쪽
- 소금…3∼5번 뿌림
- 후춧가루…3∼5번 뿌림

01 배춧잎 10장을 가볍게
물로 씻어 한입 크기로
자르고 삼겹살 3쪽을
배추보다 작은 크기로
자른다.

02 냄비에 배추와 삼겹살을
세로로 끼워 넣듯이
채운다.

03 냄비가 가득 차면 뚜껑을
덮고 중불에서 3∼4분
삶는다. 삼겹살이 완전히
익으면 소금과 후춧가루를
각각 3∼5번씩 뿌린다.

Tip

배추가 가장 맛있는 시기는
11월∼12월이다. 잎을 뗄 때는
밑둥을 조금 잘라내고 겉잎부터 한
장씩 떼어낸다.

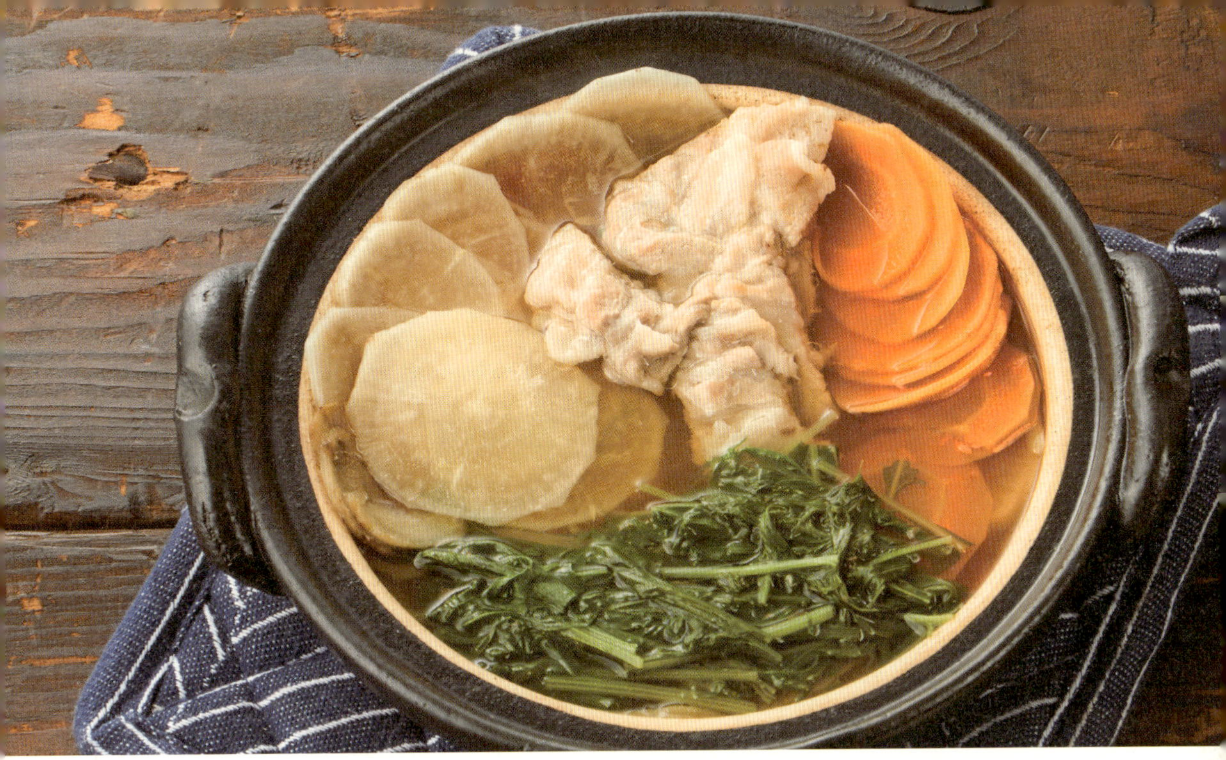

삼겹살 생강전골

추운 날씨에 딱 맞는 야채를 듬뿍 넣은 전골!! 먹으면
먹을수록 몸이 따뜻해진다!

- 무…1/8개
- 당근…1/2개
- 우엉…1/3개
- 경수채…1포기
- 얇게 썬 삼겹살…3쪽
- 간장…2작은술
- 청주…2작은술
- 설탕…1작은술
- 소금…1작은술
- 다진 생강…2작은술(취향에
  따라 양을 조절한다.)
- 물…1.4컵

돼지고기는 소고기에 비해
누린내가 강하므로 조리하기 전에
술이나 생강즙에 재두면 누린내가
제거된다.

01 무 1/8개, 당근 1/2개, 우엉 1/3개의 껍질을 벗기고 슬라이서로 얇고 둥글게 썬다. 경수채 1포기와 삼겹살 3쪽은 한입 크기로 자른다.

02 냄비에 물 1.4컵, 간장 2작은술, 청주 2작은술, 설탕 1작은술, 소금 1작은술, 다진 생강 1큰술을 섞는다.

03 ②의 냄비에 ①의 우엉, 당근, 무, 경수채, 고기 순으로 넣고 뚜껑을 덮은 후 중불에서 고기가 익을 때까지 끓인다.

부드러운 양배추롤

풍부한 육즙과 소고기 분말을 기본으로 한 수프, 부드러운
맛이 양배추롤의 매력이다.

01 양배춧잎 3장의
심을 잘라낸 뒤, 잎이
부드러워질 때까지
약불에서 찌고, 양파
1/2개는 다진다. 달걀은
1/2개만 풀어 빵가루
1큰술을 섞어 놓는다.

02 볼에 ①의 양파와 빵가루
섞은 달걀, 다진 고기
1/4컵을 넣고 소금과
후춧가루를 2번씩 뿌려
잘 섞어서 삶아 놓은
양배춧잎 가운데에 올린다.

03 ②를 돌돌 만다.

04 꼬치로 고정한다.

05 냄비에 물 1.5컵을 붓고 쇠고기 분말 2작은술, 청주 1큰술을 넣고 소금, 후춧가루를 1번씩 뿌려 중불에서 팔팔 끓이다가 돌돌 만 양배추롤을 안치고 뚜껑을 닫은 후 센 불로 2분간 끓인다.

06 양배추와 고기가 어느 정도 익으면 약불로 줄여 30분간 더 끓인다.

Tip

양배추롤은 일본 영화 심야극장에서 소개되어 더 유명해졌는데 일본인들은 캐비지롤이라고 해서 겨울철 따끈하게 만들어 호호 불면서 먹는 음식으로 소개되고 있다.

중국식 특제 방방지

매운데 산뜻하다!
깊은 맛이 밴 닭고기 맛을 놓치지 말자!

01 대파 4cm를 다지고, 오이 4cm를 채 썬다.

02 닭가슴살 큰 덩어리 2개 위에 다진 대파, 다진 생강, 청주 2작은술을 넣고 버무려 랩을 씌운다.

03 ②를 전자레인지(700W)에서 닭고기가 익을 때까지 6분 정도 가열한다.

- 닭가슴살…큰 덩어리 2개
- 대파…4cm
- 오이…4cm
- 고추기름…1큰술
- 설탕…1큰술
- 식초…1큰술
- 간장…2큰술
- 볶은 깨…1큰술
- 참기름…2작은술
- 다진 생강…1작은술
- 청주…2작은술

04 닭고기가 익으면 껍질을 벗기고 포크와 긴 젓가락으로 닭고기 살을 잘게 찢는다.

05 그릇에 고추기름 1큰술, 식초 1큰술, 간장 2큰술, 볶은 깨 1큰술, 참기름 2작은술, 다진 생강 1작은술을 넣고 잘 섞어 소스를 만든다.

06 그릇에 ④를 담고, 채썬 오이를 얹은 후 ⑤의 소스를 뿌린다.

Tip

방방지는 중국 사천식 닭고기 냉채 요리로 가정식 요리이기도 하다. 소스 맛에 따라 방법이 좀 다르기는 해도 기본은 비슷하다. 소스에 견과류를 넣어 고소한 맛과 영양을 살리기도 한다.

'배고픈 그리즐리'의
요리 비법!

"대형 마트에서 대량 판매하는 파스타를 사서 보관해 두고 사용하면 절약!!"

대형 마트에 종종 가시죠? 식재료를 대량으로 판매하는 마트에서는 주로 음식점에서 사용하는 조미료나 요리의 재료를 싸게 판매한다. 업소용 2ℓ짜리 간장이나 소스, 그리고 해외 식자재도 판매하기 때문에 장보기가 매우 편하다. 그 중에서도 내가 추천하는 식자재는 바로 파스타이다. 양이 많으면 많을수록 가격이 싸기 때문이다.

음식점을 운영하지 않는 일반인이라면 보관하기 쉬운 식료품을 사야 한다. 한 번에 많은 양을 사놓고 다 먹지 못해 상해서 버리는 일은 없어야 하지 않을까? 따라서 이런 대형 마트에서는 파스타처럼 오래 보관할 수 있거나 쓰임새가 많아 양이 많아도 곤란하지 않는 것을 사는 것이 현명하다.

PART 8

식빵에서 시작되는 무한 가능성!

나는 밥을 좋아한다. 하지만 가끔 빵을 먹고 싶을 때도 있다. 그럴 때 자주 만들어 먹는 맛있고, 간단하면서도 질리지 않는 빵류만 모아서 소개할까 한다.

빵 위에 토핑을 올려 오븐 토스터에 굽기만 하면 되는 피자 토스트, 중독성이 강한 참치카레 토스트, 왠지 있어 보이는 크로크무슈 그리고 심플하지만 가끔 이유 없이 먹고 싶어지는 추억의 달걀샌드위치 4가지 레시피를 골랐다.

게맛살 마요네즈 피자토스트

토마토케첩, 피자용 치즈 그리고 게맛살과 마요네즈!
간단한 식재료로 만드는 피자토스트!

- 식빵…1장
- 게맛살…4줄
- 피자용 치즈…2작은술
- 토마토케첩…1큰술
- 마요네즈…1큰술

Tip

치즈는 나라마다 명칭이 다르다.
영어로는 치즈, 독일어로는 카제,
이탈리아에서는 카시오라고 하고,
프랑스에서는 프로마쥬라고 한다.

01 식빵 1장에 토마토케첩 1큰술을 바른다.

02 게맛살 4줄을 손으로 가볍게 찢어 마요네즈 1큰술과 섞는다. ①의 식빵 위에 게맛살 마요네즈, 피자용 치즈 2작은술을 올린다.

03 오븐 토스터에 알루미늄 호일을 깔고 그 위에 ②를 놓고 빵이 알맞게 구워질 때까지 3~4분 정도 굽는다.

참치 카레토스트

카레가루! 마요네즈! 누구나 좋아하는 참치!
격하게 맛있는 토스트!

- 식빵…1장
- 참치통조림…2큰술
- 카레가루…1큰술(수북하게)
- 마요네즈…2큰술

Tip

통조림참치는 기름기가 많은
편이다. 담백하게 먹으려면
기름기를 제거하고 사용한다.

01 기름기를 빼지 않은 참치
2큰술과 카레가루 1큰술,
마요네즈 2큰술을 섞는다.

02 식빵에 ①을 바른다.

03 오븐 토스터에 알루미늄
호일을 깔고 그 위에
②를 놓고 빵이 알맞게
익을 때까지 3~4분 정도
굽는다.

드라이 크로크무슈

오늘은 크로크무슈로 우아한 아침을 시작하자.
멋지고 포만감 있는 크로크무슈!

01 식빵 1장 위에 햄 1장과 피자용 치즈 2작은술을 올린다.

02 1. 프라이팬에 버터 1작은술을 중불에서 녹인 다음 밀가루 2큰술을 넣고 약불로 줄여 알맞게 익을 때까지 긴 젓가락으로 저으며 1분간 볶는다.

03 약불 상태에서 우유 1/2컵+2큰술과 소고기 분말 1작은술을 조금씩 넣으며 부드러워질 때까지 2분 정도 볶는다.

04 ①의 빵 위에③의 절반을 얹는다.

05 ④위에 식빵 1장을 더 올리고, 그 위에 남은 ③을 또 얹는다.

06 오븐 토스터에 알루미늄 호일을 깔고 그 위에 ⑤를 놓고, 노릇노릇해질 때까지 3~5분 동안 구운 뒤 후춧가루를 2번 뿌린다.

▽ **1인분 재료**

- 식빵…2장
- 햄…1장
- 피자용 치즈…2작은술
- 우유…1/2컵+2큰술
- 밀가루…2큰술
- 소고기 분말…1작은술
- 버터…1작은술
- 후춧가루…2g(2번 뿌림)

Tip

★ 치즈는 영양적으로도 우수하며 음식의 질을 높일 뿐 아니라 음식 맛을 돋보이게 하는 최고의 식품이다.

카페식 달걀샌드위치

심플하지만 널리 사랑받는 달걀 샌드위치를
집에서 만들어 보자.

1인분 재료

- 식빵…2장
- 달걀…1개
- 버터…1작은술
- 마요네즈…2큰술
- 겨자…1큰술
- 소금…1/2작은술
- 후춧가루…1/2작은술
- 물…2.5컵

01 냄비에 물 2.5컵을 붓고 팔팔 끓어오르면 달걀 1개를 넣어 중불에서 8분 동안 삶는다.

02 식빵 2장에 버터 1작은술을 발라 놓고, 삶은 달걀 껍질을 벗겨 으깨 놓는다.

03 마요네즈 2큰술, 겨자 1큰술, 소금 1/2작은술, 후춧가루 1/2작은술을 ②의 달걀 으깬 것과 섞은 다음, 버터 바른 빵 사이에 끼워 넣고 4등분으로 자른다.

chapter 9

포만감 높은 분식
자꾸 만들어도 질리지 않는 변화무쌍 레시피!!

'포만감'만 따지고 보면 타의 추종을 불허하는 것이 바로 분식이다. 덮밥보다도 배가
부르고 면류보다 포만감이 지속된다. 또한 토핑에 따라 맛도 자유자재로 바꿀 수 있다.
이번에 소개하는 5종류의 레시피는 바로 이 포만감이 높은 음식들이다.
토핑을 절반으로 줄이거나 조미료를 더하거나 토핑을 추가하는 등 만드는 사람의
취향에 따라 다양한 레시피를 만들 수도 있다. 여러 번 만들어도 질리지 않는 요리를
중심으로 소개한다.

숙주나물이 듬뿍 들어간 오코노미야키

저렴한 숙주나물을 듬뿍 넣어 맛을 낸 오코노미야키

🥢 **1인분 재료**

- 숙주나물…2줌
- 밀가루…1컵
- 물…0.6컵
- 샐러드유…1큰술
- 소스…취향에 따라 적당양
- 마요네즈…적당양

Tip

오코노미야키는 한국의 부침개와
비슷한 음식으로 다 익힌 후
가다랑어포와 오코노미야키
소스를 끼얹어 먹는 것이 다르다.

01 밀가루 1컵에 숙주나물
2줌, 물 0.6컵을 붓고
반죽한다.

02 프라이팬에 샐러드유
1큰술을 두르고 ①의
반죽을 둥글고 평평하게
만들어 중불에서 3분 30초
정도 부친다.

03 한 면이 익으면 뒤집어서
4~5분 더 부친다.
완성되면 그릇에 담고
좋아하는 소스와
마요네즈를 뿌린다.

채소를 듬뿍 넣은 또띠야

소스를 듬뿍 뿌린 채소와 쫄깃한 또띠야가 환상의 콤비!!

1인분 재료

- 달걀…1개
- 우유…1/2컵
- 양배춧잎…1장
- 숙주나물…1줌
- 참치 캔 수북하게…1큰술
- 샐러드유…1큰술
- 밀가루…6큰술
- 소스…취향에 따라 적당 양
- 마요네즈…적당양

Tip

또띠야는 멕시코 빵으로
옥수수 가루나 밀가루를
반죽하여 만들며 멕시코 말로
또르띠야라고 한다.

01 양배춧잎 1장은 채썰고
숙주나물 1줌은 삶아 따로
담아 놓고 다른 그릇에
밀가루 6큰술, 달걀 1개,
우유 1/2컵을 섞어 밀가루
반죽을 만든다.

02 프라이팬에 샐러드유
1큰술을 두르고 중불에서
달군 뒤, ①의 밀가루
반죽을 부어 약불에서 2분
동안 굽다가 뒤집어서 1분
더 굽는다. 완성되면 도마
위에 올린다.

03 구운 부침개 위에
채썬 양배추와 데친
숙주나물, 기름기를 뺀
참치를 수북하게 1큰술
올리고 좋아하는 소스와
마요네즈를 뿌린 후
둥글게 말아 꽂이로
고정하고 한입 크기로
자른다.

쫄깃하고 쫀득한 몬자야키

진한 맛, 라면과자의 바삭바삭한 식감,
쫀득한 야채를 한꺼번에!

01 볼에 밀가루 2큰술, 간장
1큰술, 물 2/3컵, 조미료
1작은술을 섞어 반죽한다.

02 양배춧잎을 3장 정도
채썬다.

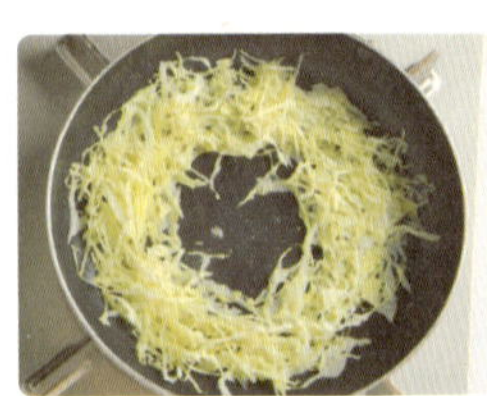

03 프라이팬에 샐러드유
1큰술을 두르고 중불에서
달군 뒤, 채썬 양배추로
둥근 둑 모양을 만든다.

04 ①의 절반과 라면 과자 1/2 봉지를 ③의 가운데에 놓고 약불에서 3분 정도 볶다가 부글부글 끓으면 양배추와 한데 섞는다.

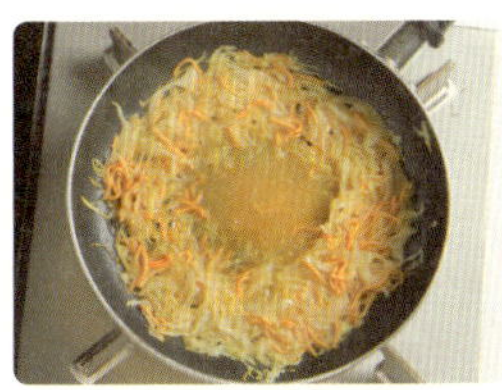

05 프라이팬의 내용물로 한 번 더 둑을 만들고, 남은 ①을 가운데에 넣고 약불에서 3분 정도 더 볶는다.

06 ⑤가 부글부글 끓으면 불을 끄고 재료를 한데 섞는다.

▽ 1인분 재료

- 라면 과자…1/2봉지
- 양배춧잎…3장
- 밀가루…2큰술
- 간장…1큰술
- 조미료…1작은술
- 물…2/3컵
- 샐러드유…1큰술

Tip

몬자야키는 여러 가지 채소와 해물을 넣고 철판에 볶는 일본 요리이다. 오코노미야키와 비슷하나 수분이 더 많다.

프라이팬으로 만드는 오야키

간식으로도, 반찬으로도, 주식으로도 활용도 만점!

01 볼에 밀가루 1컵, 뜨거운 물 1/4컵, 소금 1작은술을 섞어 손으로 반죽한다.

02 ①을 둥글게 만든 다음 랩을 씌워 냉장고에서 15분간 재운다.

03 가지 1개를 잘게 썰고, 대파 1/2뿌리를 송송 썰어 프라이팬에 참기름 1큰술을 두르고, 중불에서 볶는다.

04 어느 정도 볶아지면 약불로 줄인 다음 된장 2작은술을 섞은 뒤 불을 끈다. ②의 반죽을 3등분으로 자르고 2mm 정도의 두께가 되도록 손으로 늘린다.

05 ④에 ③을 넣고 감싼다.

06 프라이팬에 참기름 1큰술을 두르고, ⑤를 넣어 중불에서 3~4분 굽다가 뒤집어서 물 1/4컵을 부은 후 뚜껑을 덮은 채 3~4분 더 굽는다.

Tip

오야키는 밀가루 반죽 속에 여러 가지 재료를 넣어 구운 일본 음식이다.

카레와 함께! 차파티

인도의 빵 '난'과 비슷하지만 '난' 보다 간단히 만들 수 있다. 카레와 함께 맛보자!!

- 밀가루⋯1컵
- 밀가루(반죽이 들러붙지 않게 뿌리는 용)⋯1~3큰술
- 미지근한 물⋯1/4컵
- 설탕⋯1작은술
- 샐러드유⋯1큰술

01 그릇에 밀가루 1컵, 설탕 1작은술, 미지근한 물 1/4컵을 붓고 손으로 10분 정도 반죽하여 랩을 씌운 후 냉장고에서 20분간 재운다.

02 ①을 먹고 싶은 크기(2~3등분)로 잘라 반죽이 들러붙지 않게 도마에 밀가루를 뿌려놓고 그 위에 반죽을 놓아 두께가 5mm 정도가 될 때까지 밀대로 민다.

03 프라이팬에 샐러드유 1큰술을 두르고, 앞뒤가 노릇노릇해질 때까지 중불에서 4분 정도 굽는다. 완성되면 카레에 찍어 먹는다.

Tip

차파티는 밀가루를 반죽해서 둥글고 얇게 만들어 바삭하게 구운 인도 음식이다.

chapter
10

본격 디저트 요리부터
간단한 간식까지 완벽 커버

디저트를 만들기는 간단하다. 하지만 실제로 도전해 보면 그리 만만치 않다. 시중에 돌아다니는 레시피를 보면 필요한 재료가 다양한 데다 조리과정이 너무 복잡해 마음을 접는 경우가 많다. 게다가 자칫 조리 순서가 뒤바뀌거나 조금이라도 계량에 오차가 생기면 실패하고 만다. 그래서 이번에는 조리 과정을 최소화하고, 사용하는 재료와 조미료를 엄선하는 데 공을 들였다. 조리 과정이 간단해도 맛을 증명하는 11가지 레시피를 소개한다.

진한 맛! 품격있는 가토쇼콜라

블랙 초콜릿을 사용하여 진한 맛을 내는 케이크.

01 케이크 틀에 버터 2작은술을 숟갈로 펴 바른다.

02 그릇에 초콜릿 100g과 버터 2큰술+0.5작은술을 넣고 중탕으로 녹이면서 긴 젓가락으로 섞는다.

03 다른 그릇에 달걀 2개를 깨뜨려 넣고 거품기로 찰기가 생길 때까지 휘젓는다.

04 ③에 초콜릿과 밀가루 2.5큰술 코코아가루 3큰술, 생크림 3큰술+1작은술을 넣고 나무주걱으로 부드럽게 섞는다.

05 ①에 ④를 붓는다.

06 170도로 예열한 오븐에서 30분간 굽는다. 젓가락 등으로 찔러보아 반죽이 묻어나지 않으면 완성.

- 블랙 초콜릿…100g(1큰술 =10g)
- 생크림…50ml(3큰술 듬뿍)
- 달걀…2개
- 버터(케이크틀에 바르는 용)… 10g
- 버터(반죽용)…30g (1큰술=14.2g)
- 코코아 가루…3큰술 (1큰술=5.9g)
- 밀가루…30g(1큰술=8.5g)

Tip

케이크는 g 단위로 분량을 맞추는 것이 실패가 없다.

초간단 그리스 요구르트

믿을 수 없을 만큼 간단하다.
꿀이나 잼과 같이 먹어도 맛있다.

Tip

원래 그리스식 요구르트는 양젖과 염소젖을 섞어 발효시킨 것이다.

01 그릇에 체를 올린다.

02 체 위에 키친타월을 깔고 그 위에 플레인 요구르트 1개(불가리스=157g)를 붓는다.

03 그대로 키친타월로 감싸서 냉장고에서 한나절 동안 물기를 뺀다. 취향에 따라 설탕 등을 섞어 먹는다.

수제 푸딩

집에서 간단하게 만들 수 있는 푸딩.

♡ 1인분 재료

- 우유…1/2컵보다 조금 적은 양
- 달걀…1개
- 설탕…3큰술
- 물…1컵+1큰술

Tip

수제푸딩을 만들 때 바닐라 에센스를 넣으면 고급스런 맛을 살릴 수 있다.

01 그릇에 우유 1/2컵, 달걀 1개, 설탕 2큰술을 섞어 고운체에 거른다.

02 작은 냄비에 설탕 1큰술, 물 1큰술을 넣고 센불로 1분 동안 끓여 캐러멜소스를 만든다. 내열용기에 캐러멜소스와 ①을 넣는다.

03 냄비에 물 1컵과 ②를 넣고 중불에서 2분 30초 동안 데우다가, 약불로 줄여 8분 30초~12분 정도 더 중탕한 후 불을 끄고 5분이 지나면 냉장고에 넣고 한나절 동안 식힌다.

수제 딸기잼

딸기 철이면 만들고 싶은 딸기 잼.
한번 만들어 두면 토스트, 요구르트, 과자에 발라 먹을 수 있다.

01 딸기 10개의 꼭지를
따고 세로로 반 자른다.
내열용기에 딸기, 설탕
8큰술을 넣는다.

02 뚜껑을 덮고
전자레인지(700W)에서
2분 6초 정도 가열한다.

03 ②를 전자레인지에서 꺼내
뚜껑을 열고 잘 섞은 다음
30분간 상온에서 식힌다.

04 뚜껑을 연 채 다시
전자레인지(700W)에서
1분 36초 정도 가열한다.

05 빈 병을 열탕 소독한다.

06 소독한 병을 꺼내 뒤집어
자연 건조 시킨 다음 ④의
잼을 담는다.

- 딸기…10개
- 설탕…8큰술
- 뜨거운 물…1컵

Tip

딸기잼을 오래 두고 먹으려면
딸기와 설탕의 비율을 1:1로
하는 것이 좋고 금방 먹을 것은
2:1로 해도 괜찮다. 요즘은
전자레인지를 이용하여 많이
만든다.

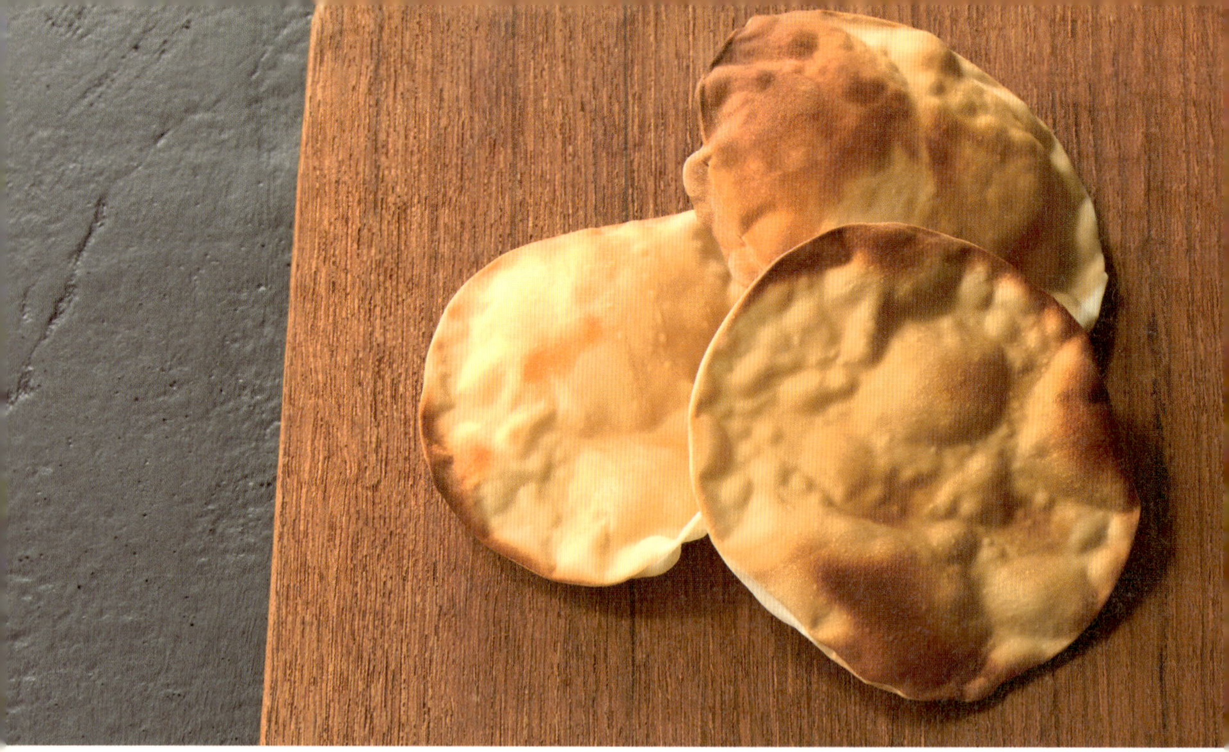

＊만두피로 만든 센베이

만두피를 오븐 토스터에 구워 파삭파삭.
출출할 때 먹으면 최고!

- 만두피…3장
- 간장…1/2작은술

01 만두피 3장의 한쪽 면에
간장 1/2작은술을 바른다.

02 ①을 알루미늄호일 위에
올려놓고, 오븐 토스터에
넣어 노릇노릇하게 부풀어
오를 때까지 2~4분
가열한다.

03 뒤집어 반대쪽도 부풀어
오를 때까지 2~4분
가열한다.

Tip

센베이는 밀가루에 달걀과
설탕을 넣어 굽거나, 튀겨 만든
일본식 전통 과자다.

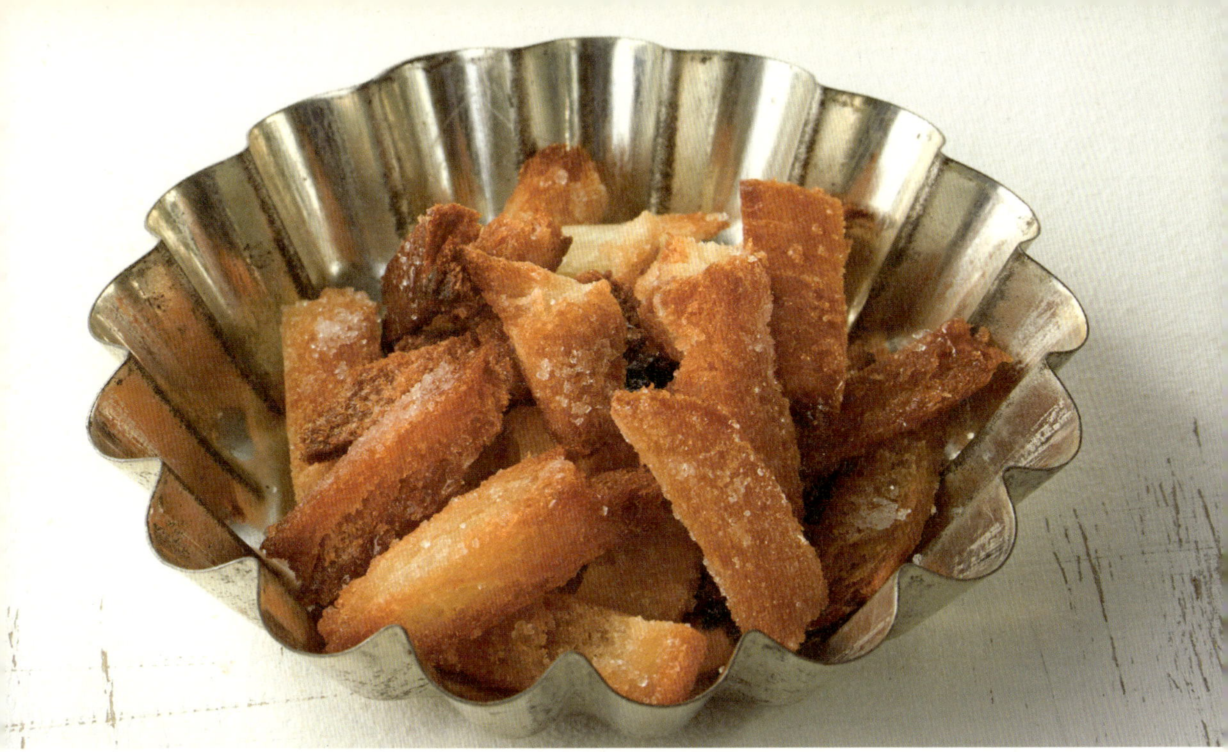

식빵 테두리로 만든 러스크

식빵 테두리, 올리브오일, 설탕
바삭바삭 달콤하고 맛있는 간식거리다

- 식빵 테두리…1장 분량
- 올리브오일…2큰술
- 설탕…1큰술

01 올리브오일 2큰술에 식빵 가장자리(1장 분량)를 적신다.

02 설탕 1큰술을 빵에 골고루 바르고 알루미늄 호일 위에 놓는다.

03 오븐 토스터에서 빵이 바삭바삭해질 때까지 타지 않도록 4~7분 굽는다.

Tip
샌드위치 만들고 잘라낸 테두리를 모아 두었다가 간식으로 만들어 먹자. 구울 때 계피가루를 뿌리면 더 맛있다.

단호박 푸딩

단호박의 부드럽고 달콤함을 충분히 맛볼 수 있는 푸딩!

01 케이크 틀에 숟가락으로 버터 1작은술을 넓게 펴 바른다.

02 단호박 1/2통의 껍질을 벗겨 낸 뒤 씨를 발라내고 대충 썰어 전자레인지(700W)에서 9분 35초 가열한다. 달걀 2개를 깨뜨려 거품기로 풀어 놓는다.

03 전자레인지에서 호박을 꺼내 매셔(감자으깨기)로 으깬 다음 설탕 5큰술+1작은술과 풀어놓은 달걀을 나무주걱으로 섞는다.

04 냄비에 우유 1컵+3/4컵을 붓고 중불에서 1분 정도 미지근하게 데우고, ③을 넣고 나무주걱으로 매끈해질 때까지 섞는다.

05 ①의 버터 바른 케이크 틀에 체를 놓고 ④를 걸러서 담는다.

06 180도로 예열한 오븐에 ⑤를 넣고 40분 정도 구운 다음 꺼내서 냉장고에 넣고 한나절 동안 식힌다.

♡ **케이크 1개의 재료**

- 단호박…1/2통
- 달걀…2개
- 우유…1컵+3/4컵
- 설탕…5큰술+1작은술
- 버터…1작은술

사과의 달콤함이 절묘한 타르트타탱

뒤돌아서면 또 먹고 싶어지는 사과의 달콤함과 잊을 수 없는 식감!
정말 맛있다!

01 사과의 껍질을 벗기고 슬라이서로 두께 1mm 정도로 자른다.

02 그릇에 달걀 1개, 우유 3/4컵, 핫케이크 믹스 15큰술을 넣고 적당히 섞는다.

03 프라이팬에 버터 2큰술, 설탕 3큰술을 넣고 약불에서 잘 섞으면서 1분간 가열한다.

04 ①의 사과를 원을 그리듯이 ③의 프라이팬에 깔고, 그 위에 ②의 타르트 반죽을 올려 두께가 2㎝가 되면 뚜껑을 덮는다.

05 실패한 것처럼 보이겠지만, 반죽이 부풀어 오를 때까지 4분 정도 약불에서 냉정하게 지켜본다.

06 프라이팬에 접시를 올려놓고 그대로 뒤집는다.

♡ **타르트타탱 1개의 재료**

- 사과…1개
- 달걀…1개
- 핫케이크 믹스…15큰술
- 우유…3/4컵
- 버터…2큰술
- 설탕…3큰술

Tip

타르트타탱은 프랑스의 대표적인 디저트 메뉴로 사과, 설탕, 버터를 넣어 구운 프랑스식 사과파이이다.

저당분 바나나 케이크

촉촉한 식감에 부드러운 바나나의 달콤함.
포만감까지~

01 바나나 2개의 껍질을
벗기고 으깬다.

02 내열용기에 버터
2큰술을 넣고
전자레인지(700W)에서
30초 가열해서 녹인다.

03 그릇에 녹인 버터, 으깬
바나나, 달걀 2개, 설탕
3큰술을 넣고 거품기로
매끈해질 때까지 섞는다.

04 ③에 밀가루 16큰술과 베이킹파우더 1작은술을 넣고 주걱으로 부드럽게 섞는다.

05 케이크 틀에 버터 1/2큰술을 넓게 펴 바른다.

06 ⑤에 ④의 반죽을 붓고 180도로 예열한 오븐에서 40분 굽는다. 긴 젓가락으로 찔러 보아 반죽이 묻어나지 않으면 완성.

Tip

케이크에 사용하는 바나나는 완전히 익은 것을 사용해야 향도 좋고 맛있다.

몸에 좋은 당근 케이크

폭신폭신한 빵과 달콤한 당근이 입안에서 퍼진다.

케이크에 들어가는 버터는
실온에 미리 꺼내 놓아 어느 정도
녹은 후 사용하면 편리하다.

01 당근 1개의 껍질을 벗긴
다음 잘게 갈고, 버터
2큰술, 설탕 70g, 달걀
2개, 밀가루 160g을 볼에
넣고 거품기로 부드러워질
때까지 섞는다.

02 ①에 베이킹파우더
1.5작은술을 넣고
나무주걱으로 대충
섞는다.

03 케이크 틀에 버터
2작은술을 넓게 펴 바르고,
②를 부어 170도로 예열한
오븐에서 50분 정도
굽는다. 긴 젓가락으로
찔러 보아 반죽이
묻어나오지 않으면 완성.

마음이 편해지는 핫 바나나 밀크

우유, 바나나, 설탕만으로 만들 수 있다.
온몸이 따뜻해지는 느낌.

▽ **1인분 재료**

- 바나나…1개
- 우유…1컵
- 설탕…1작은술

Tip

따끈하게 먹기도 하지만
여름철에 얼음을 넣고 스무디로
만들어 마시기도 한다.

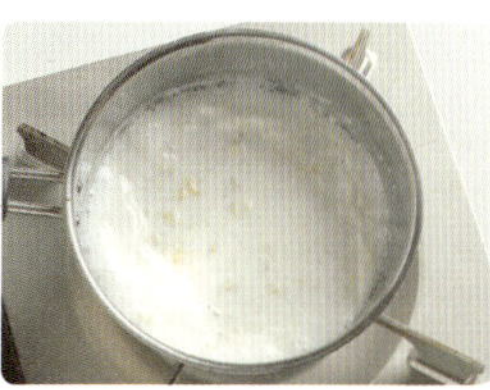

01 냄비에 바나나 1개, 우유 1컵, 설탕 1작은술을 넣고 바나나를 반죽 상태가 될 때까지 으깬다.

02 ①을 나무주걱으로 부드럽게 섞으면서 중불에서 2분 정도 끓인다.

03 거품이 보글보글 올라오면 불을 끈다.

'배고픈 그리즐리'의
요리 비법!

"시중의 양념이나 소스를 사용하는 것을 나쁘게 생각하지 말자. 편하게 요리할 수 있고 맛있다면 사 용해도 좋다."

처음 요리하는 사람들은 이것저것 따라해 봐도 그 맛이 나지 않는다고 불평하는 경우가 많다. 그럴 때 나는 'ㅇㅇ 양념', 'ㅇㅇ 조미료' 같은 제품을 사용하라고 권한다. 시판 소스로 간을 맞춘다고 해서 비난받을 이유도 없을 뿐만 아니라, 오히려 유명 제조업체의 상품 개발자들 즉, 프로들이 만들어낸 맛이니 믿고 사용해도 좋다고 생각한다.

마지막으로 간 맞추는 정도만 프로들에게 맡겨 맛있는 요리를 먹을 수 있다면 그보다 좋은 일은 없다. 그러다가 요리에 익숙해져 '새로운 맛을 내보고 싶어졌을 때' 자신의 맛을 찾기 시작해도 괜찮지 않을까?

chapter
11

몸도 마음도 따뜻해지는 수프, 국물요리

맛있는 요리란 어떤 것일까? 유기농 식품에 집착하거나 구하기 힘든 고급 식재료를 사용하는 요리는 당연히 맛있을 거고 거기에 유쾌한 영화를 보면서 즐겁게 먹는 요리는 더 말할 것도 없을 것이다.

혼자서 천천히 느긋하게 먹을 수 있는 맛있는 요리란 따뜻한 수프가 아닐까? 이번에는 먹어도 또 먹고 싶어지는 간단하고 맛있는 수프와 국물요리를 소개한다.

소박한 단호박 수프

단호박을 듬뿍 넣은 부드러운 맛! 평온해진다.

- 단호박…1/7통
- 양파…1개
- 우유…1/2컵
- 소고기 분말…1작은술
- 버터…1작은술
- 소금…1/2작은술
- 후춧가루…1/2작은술
- 물…1컵

Tip

단호박을 전자레인지에 가열할 때는 익는 정도를 보아가며 시간 조절을 한다.

01 양파 1개를 채 썰고, 단호박 1/7개의 껍질을 벗겨 대충 썬다. 양파와 호박을 전자레인지(700W)에서 4분 정도 가열한다.

02 냄비에 ①과 물 1컵을 붓고 중불에서 5분 정도 끓인 다음 믹서기로 곱게 간다.

03 냄비에 ②를 넣고 우유 1/2컵, 소고기 분말 1작은술, 버터 1작은술, 소금 1/2작은술, 후춧가루 1/2작은술을 넣고 부드러워질 때까지 약불에서 5분 정도 푹 끓인다.

속이 편한 양파그라탱 수프

촉촉한 양파에 스르르 녹는 치즈와 수프를 머금은 빵.
일품 요리로 손색이 없다.

- 양파…1/2개
- 피자용 치즈…1웅큼
- 식빵…1/2장
- 소고기 분말…1작은술
- 물…1.5컵
- 버터…1큰술

Tip

그라탱은 조리의 한 방법으로
파스타나 빵 등 음식에 치즈를
올린 후 오븐에 녹여 치즈가 음식
위를 덮는 조리법이다.

01 양파 1/2개를 얇게 썰고,
전자레인지(700W)에서
3분 20초 정도 가열한다.
프라이팬에 버터 1큰술과
양파를 넣고 중불에서 2분
30초 볶는다.

02 ①에 물 1.5컵과 소고기
분말 1작은술을 넣고
살짝 끓어오를 때까지
중불에서 2분 동안 끓인다.
내열용기에 옮긴 다음
식빵 1/2장과 피자용 치즈
1웅큼을 뿌린다.

03 ②를 알루미늄 호일 위에
올리고 오븐 토스터에서
치즈가 노릇노릇해질
때까지 5분 정도 가열한다.

미네스트로네 수프

토마토 주스에 야채를 듬뿍 넣은 미네스트로네.

01 양파 1/2개, 당근 1/3개, 감자 1/2개의 껍질을 벗긴다.

02 ①을 각각 작은 블록 모양으로 자른다.

03 베이컨 2줄도 다른 야채와 비슷한 크기로 자른다.

04 냄비에 물 2.5컵을 붓고 ②를 넣어 끓어오르면 불순물을 제거하면서 중불에서 5~7분 정도 더 끓인다.

05 ④에 ③의 베이컨, 토마토주스 1컵, 소고기 분말 1/2작은술, 토마토케첩 2큰술을 넣는다.

06 다시 끓어오르면 불순물을 제거하면서 중불에서 3~5분 더 끓인다.

▽ 1인분 재료

- 토마토주스…1컵
- 양파…1/2개
- 감자…1/2개
- 당근…1/3개
- 베이컨…2줄
- 토마토케첩…2큰술
- 소고기 분말…1/2작은술
- 물…2.5컵

Tip

미네스트로네 수프는 이탈리아 전통 야채수프로 홀토마토나 퓨레, 아니면 방울토마토를 사용하면 맛이 더 깊어진다.

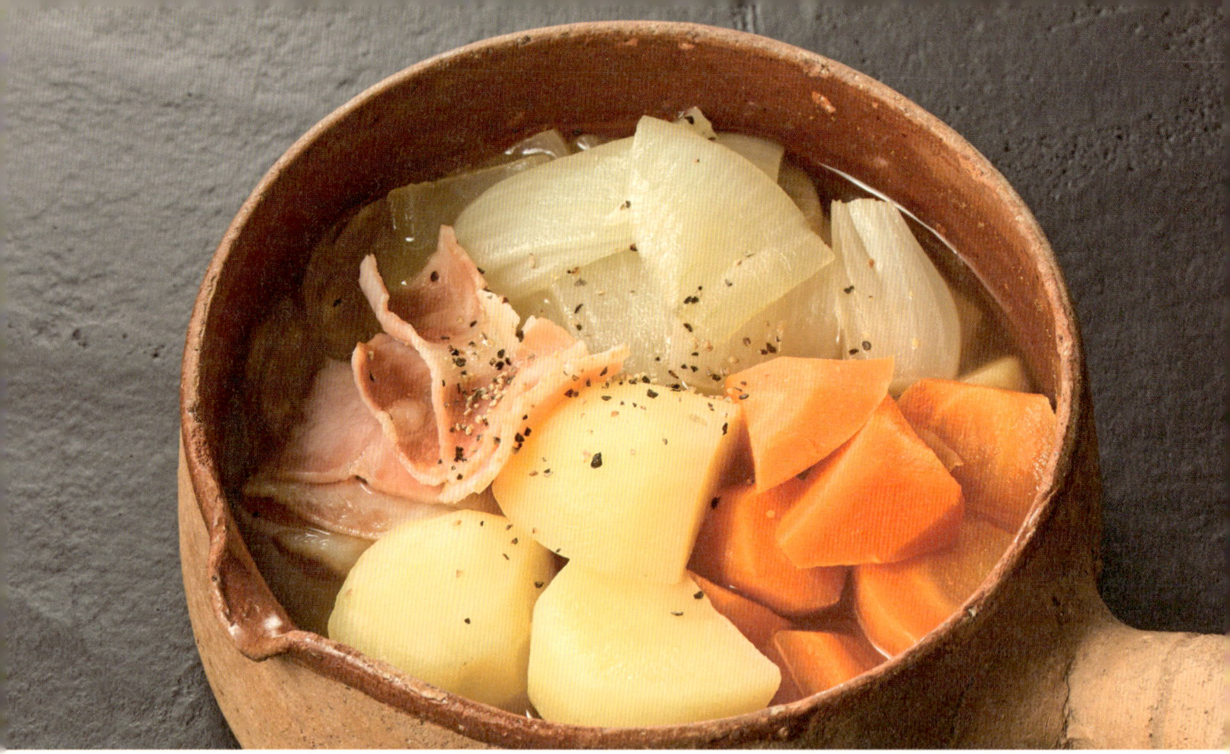

영양만점 포토페

채소! 채소! 채소!
채소를 듬뿍 넣은 영양 만점, 건더기가 많은 수프.

1인분 재료

- 감자…2개
- 양파…1/2개
- 당근…1/2개
- 베이컨…2줄
- 물…1컵+1/4컵
- 소고기 분말…1작은술

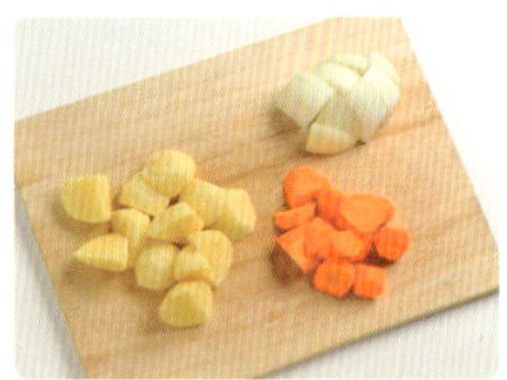

01 감자 2개, 당근 1/2개, 양파 1/2개의 껍질을 벗기고, 한입 크기로 잘라 전자레인지(700W)에서 4분 정도 가열한다. 베이컨 2줄을 한입 크기로 자른다.

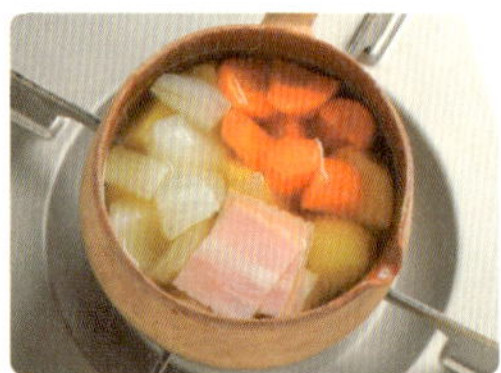

02 냄비에 ①을 넣고 물 1컵+1/4컵, 소고기 분말 1작은술을 넣고 센불에서 2~3분 푹 끓인다.

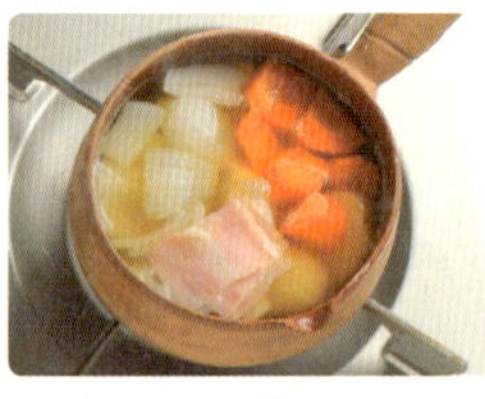

03 보글보글 끓어오르면 약불로 줄여 5~6분 더 끓인다.

Tip

포토페는 소고기와 각종 채소를 오래도록 푹 익혀 기름진 사골 육수 맛이 나는 이탈리아식 수프다.

어부들이 즐겨먹던 어묵탕

심플한 국물에 정어리 어묵, 부드러운 파를 넣어 따끈하게
먹는 어부들이 즐겨먹던 국물요리

1인분 재료

- 정어리…2토막
- 대파…1/2뿌리
- 맛간장…1작은술
- 녹말가루…1큰술
- 간장…1작은술
- 조미료…1작은술
- 물…1컵

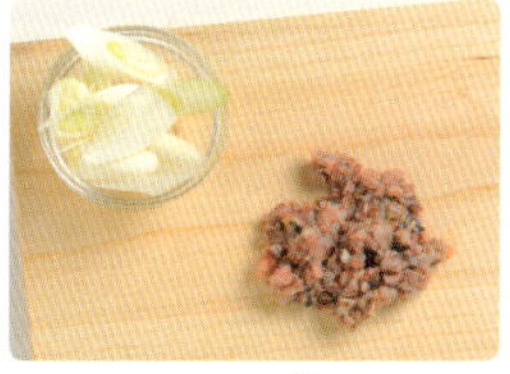

01 대파 1/2뿌리를 어슷 썰고,
정어리 2토막을 칼등으로
다져 볼에 녹말가루
1큰술, 된장 1작은술, 다진
정어리를 섞어 반죽한다.

02 냄비에 물 1컵, 조미료
1작은술, 간장 1작은술을
넣고 중불에서 2분 정도
끓이다가 대파를 넣는다.
①의 정어리 반죽을
숟가락으로 떠서 경단
모양으로 만들어 냄비에
넣고 끓인다.

03 어묵이 어느 정도 익으면
약불로 줄여 완전히
익을 때까지 4분 정도 더
끓인다.

Tip

어묵을 직접 만들어 먹기도
하지만 시판하는 어묵을 멸치
다시마 끓인 국물에 넣어 끓여
먹어도 속풀이 국으로 좋다.

'배고픈 그리즐리'의
요리 비법!

'요리는 적당히 해도 OK! 미림은 청주와 설탕으로, 레몬즙은 식초로 대신 해도 ok!'

기본적으로 어떤 재료가 없다고 해서 못하는 요리는 없다. 국물을 끓일 때 주로 사용하는 미림은 청주와 설탕으로 대체할 수 있고, 카르파초 따위에 사용하는 레몬즙은 식초로 대신할 수 있다. 물론 절대 없으면 안 되는 재료도 있지만 대부분은 대체가 가능하다.

달걀조림을 어떻게 하면 맛있게 만들 수 있을지 연구할 때의 에피소드다. 마침 간장이 떨어져 하는 수 없이 국수장국을 넣었는데 정말 깜짝 놀랄 정도로 맛있었다. 요리를 하다가 필요한 식재료나 조미료가 없을 때 '어떻게 하면 맛있게 할 수 있을까?'를 연구해 보는 것도 요리의 또 다른 재미가 아닐까?

chapter
12

모두 다 만들어도 저렴하다!
돈이 없을 때 도움이 되는 레시피

이번에 소개하는 3가지 레시피는 이 책에서 강조해온 '저렴함, 간단함, 맛있음' 중에서 특히 저렴함을 추구한 요리이다. 대체 식재료를 사용한 것도 이 레시피의 특징. 돈가스 대신 돈가스 과자를 사용한 돈가스 덮밥. 감자와 조미료만으로 만든 포테이토 샐러드. 맛은 유지하면서도 간단하고 저렴하게 만든 가마타마 우동은 한 가지 재료 값으로 3가지 요리를 전부 만들 수 있다.

돈가스 과자로 만든 돈가스 덮밥

어렸을 때 먹었던 그 맛을 한 번 더.
돈가스 소스맛 스낵을 밥 위에 올려 먹는다.

 **1인분 재료**

- 돈가스 과자
  (돈가스 소스맛 스낵)…1개
- 달걀…1개
- 밥…1/2공기
- 소스…취향에 따라
- 버터…1작은 술

Tip

돈가스 과자는 일본 과자다.
요즘은 한국의 편의점에서도
판매하고 있다.

01 프라이팬에 버터
1작은술을 넣고 중불에서
녹인 다음, 푼 달걀을 부어
재빨리 휘저으면서 반숙이
될 때까지 1분 30초 정도
볶는다.

02 밥 1/2공기 위에 ①의
반숙을 올린다.

03 달걀 위에 돈가스 과자
1개를 올리고 좋아하는
소스를 뿌린다.

포테이토 샐러드

감자만 들어간 포테이토 샐러드.
간은 마요네즈와 소금, 후춧가루로!

1인분 재료

- 감자…작은 거 2개
- 마요네즈…2큰술
- 소금…3g(3번 정도 뿌림)
- 후춧가루…3번 정도 뿌림

사용하다 남은 감자가 있으면
얼른 꺼내 순식간에 만들어 먹자.
한끼 식사로도 훌륭하다.

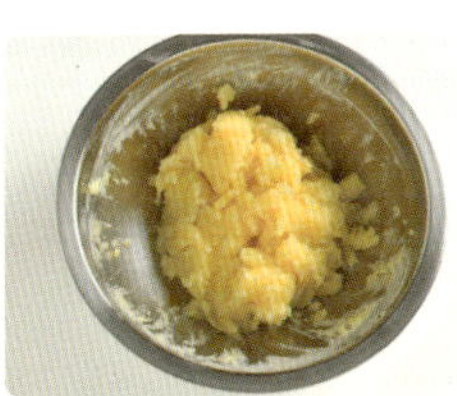

01 감자 2개의 껍질을 벗기고
작게 썬다. 랩을 씌워
전자레인지(700W)에서
4분 50초 정도 가열한다.

02 감자를 그릇에 옮겨 담고
감자 으깨기(매셔)나
숟가락으로 으깬다.

03 적당히 으깨지면 마요네즈
2큰술을 넣고 소금과
후춧가루를 각각 3번씩
뿌려 섞는다.

5분 완성! 완전 별미!
가마타마 우동

맛있고 저렴하고 간단하다.
3박자를 절묘하게 갖춘, 만능요리!

- 냉동우동…1봉지
- 달걀…1개
- 다진 생강…1작은 술
- 국수장국(2배 농축)…2큰술
- 가다랑어포…3작은술
- 깨소금…1작은술

01 냉동 우동 1봉지를
전자레인지(700W)에서
3분 20초 정도 가열하고,
달걀 1개를 풀어 다진 생강
1작은술을 섞는다.

02 푼 달걀에 익힌 우동을
넣고 30초 동안 둔다.

03 ②에 국수장국 2큰술을
섞고, 가다랑어포와
깨소금을 뿌린다.

Tip

가마타마 우동은 일본의 별미
우동으로 한국의 젊은이들에게도
인기가 높다. 삶아 낸 우동에
달걀을 토핑해 쯔유와 섞어 비벼
먹기도 한다.

chapter
13

너무 맛있어 감춰 두었던
블로그 미공개 레시피

블로그 개설 이후 많은 요리를 만들고 공개했지만 그 중에는 완성하지 못해 개발 중인 레시피 등 블로그에 공개하지 않은 것도 많다. 이번에 소개하는 3가지 레시피는 그동안 열심히 연구해 드디어 결실을 맺은 것으로 자신 있게 소개한다. 이 요리를 만들었을 때 혼자 밥 먹는 시간이 좀 더 맛있고 즐겁기를 바란다.

세상에서 가장 맛있는 버터 치킨 카레

집에서 만들기 까다로운 인도 카레의 맛을 그대로 재현.

01 볼에 요구르트 1개, 닭다리 살 2조각을 넣고 냉장고에서 30분간 재운다.

02 양파 1개를 다져 전자레인지(700W)에서 2분 20초 정도 가열한다.

03 냄비에 버터 1큰술, ②의 양파, 고추 1개, 다진 마늘 1큰술, 다진 생강 1큰술을 넣고 중불에서 7분 정도 볶는다.

먹다 남은 치킨을 버리지 말고 치킨카레를 만들어 보자. 닭고기는 다시 한 번 볶기만 하면 되고 야채는 냉장고에 남아 있는 것을 활용하면 빠른 시간에 치킨카레를 만들 수 있다.

04 ③의 냄비에 카레 가루 2큰술을 넣고 약불로 줄여 1분 볶는다.

05 ④에 토마토주스 1컵, 물 1컵, 플레인 요구르트 1개를 넣고, 소고기 분말 2작은술을 섞는다.

06 뚜껑을 덮고 약불에서 40분 정도 푹 끓이면 완성.

♡ **3~4인분 재료**

- 플레인 요구르트…1개
- 닭다리 살…2조각
- 토마토 주스…1컵
- 고추…1개
- 양파…1개
- 소고기 분말…2작은술
- 버터…1큰술
- 다진 마늘…1큰술
- 다진 생강…1큰술

Tip

전자레인지를 사용할 때 요리책에 제시한 시간은 참고만 할 뿐 익는 상태를 수시로 보아가며 조절한다.

전설의 달걀밥

흰자와 노른자, 둘 다 즐기는 새로운 달걀밥.
꼭 만들어 보자.

- 달걀…1개
- 밥…1/2공기
- 간장…1큰술
- 조미술…1작은술
- 조미료…2작은술

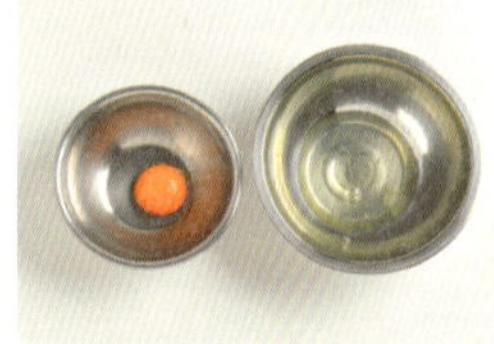

01 달걀 1개를 노른자와
흰자로 나눈다.

02 흰자에 간장 1큰술, 조미술
1작은술, 조미료 2작은술을
넣고 부드러워질 때까지
믹서로 간다.

03 밥 1/2공기 위에 ②의
달걀흰자와 노른자 순으로
올려 완성.

Tip

달걀밥은 아침 메뉴로
추천할만하다. 느타리버섯 남은
것이 있으면 먹기 좋게 뜯어서
양파 볶을 때 같이 볶아서 넣으면
더욱 풍성하고 영양 만점이다.

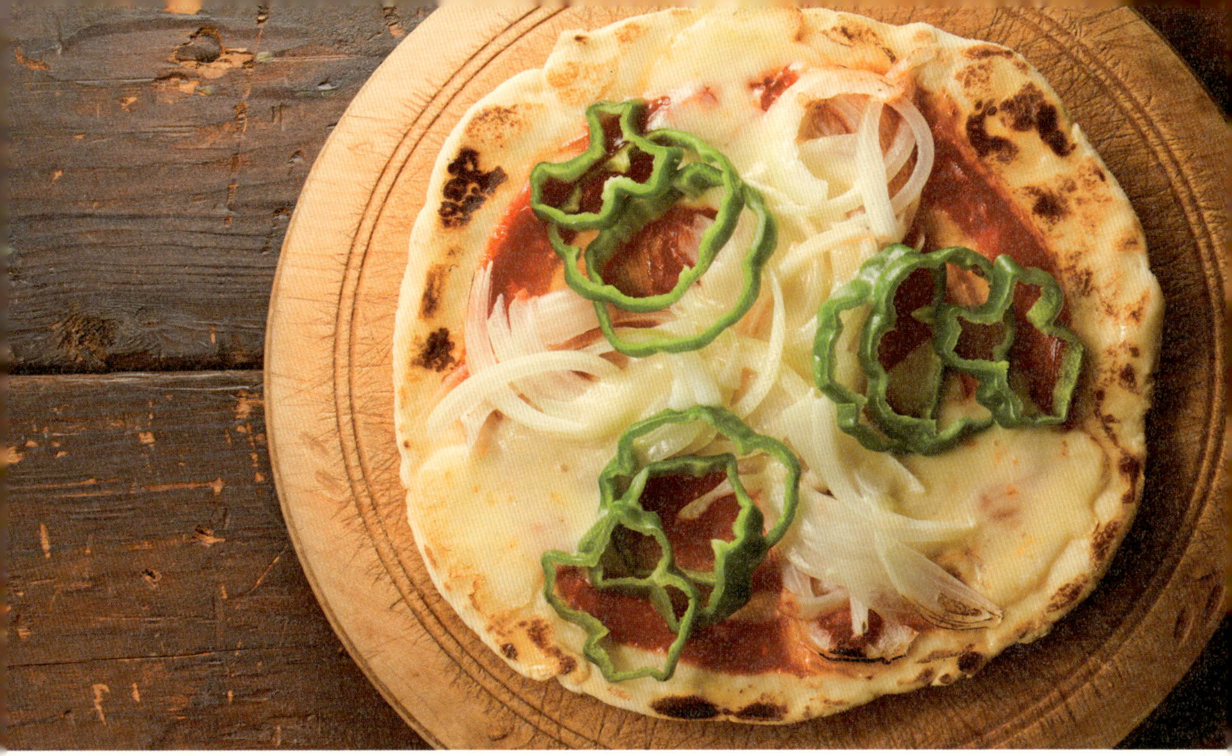

세상에서 가장 간단한 피자 만들기

마지막을 장식하는 요리는 피자!
혼자 먹어도 여럿이 먹어도 맛있다!

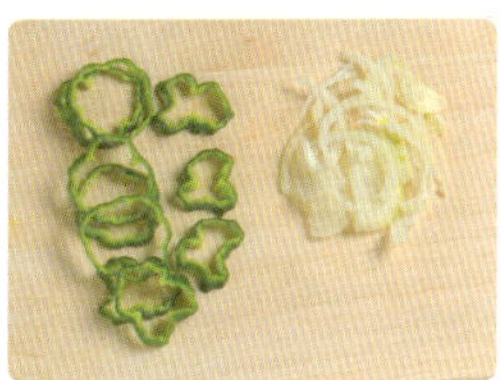

01 양파 1/2개는 얇게 채 썰고, 피망 1개는 꼭지와 씨를 제거하고 둥글게 썬다.

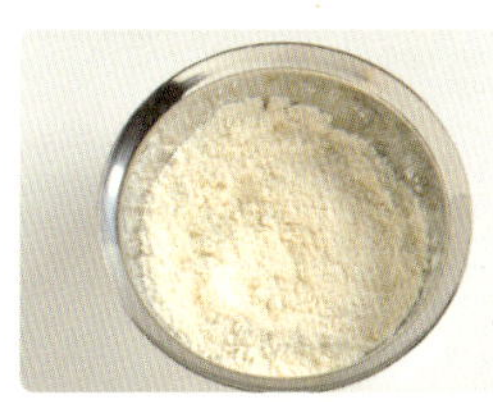

02 그릇에 밀가루 1.5컵, 베이킹파우더 1작은술, 설탕 1작은술, 올리브오일 1큰술을 넣는다.

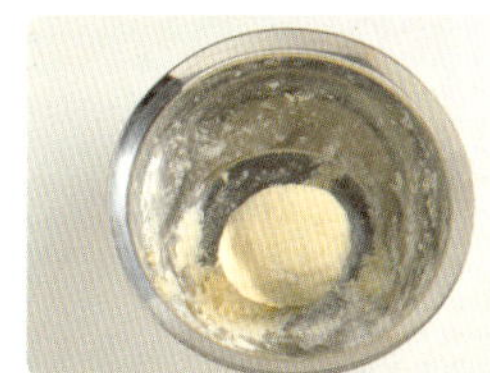

03 물 2/3컵을 센 불에서 미지근하게 데운 뒤 ②에 조금씩 부으면서 반죽한다.

04 쿠킹 페이퍼를 깔고 그 위에 반죽이 들러붙지 않도록 밀가루 1~3큰술을 얇게 펴 바른 후 반죽을 올려 반죽 밀대로 5mm 두께로 민다.

05 쿠킹 페이퍼를 그대로 프라이팬에 올리고 뚜껑을 덮은 채 약불에서 5분 동안 구운 뒤 뒤집어서 쿠킹 페이퍼를 뺀다.

06 취향에 따라 토마토케첩을 바르고 피자용 치즈, 양파와 피망, 소금 1/2작은술, 후춧가루 1/2작은술 순으로 뿌린 후 뚜껑을 덮고 약불에서 10분 정도 굽는다.

▽ 1인분 재료

- 양파…1/2개
- 피망…1개
- 밀가루(강력분)…1컵+4큰술
- 밀가루(반죽이 들러붙지 않도록 뿌리는 용)…1~3큰술
- 베이킹파우더…1작은술
- 설탕…1작은술
- 물…2/3컵
- 올리브오일…1큰술
- 토마토케첩…취향에 따라
- 소금…1/2작은술
- 후춧가루…1/2작은 술
- 피자용 치즈…취향에 따라

Tip

피자용 토핑은 정해진 것이 아니므로 냉장고에 굴러다니는 야채들을 마음껏 사용하자.

전자레인지 장점 살리는 조리별 포인트

전자레인지는 어떻게 이용하느냐에 따라 음식 만들기가 쉽고 편리하며 재미있어진다. 전자레인지의 원리를 알고 그 장점을 살려 음식 만들기에 도전해 보자.

구이

전자레인지에서 구이를 할 때는 도중에 한두 번 양념이나 식용유를 한 번씩 발라준다. 그러면 불에서 직접 구운 것 같은 효과를 낼 수 있다. 육류와 생선의 비린내를 없애려면 술이나 레몬즙, 생강즙을 미리 뿌려 재었다가 굽도록 한다.

찜. 조림

랩이나 뚜껑을 덮어 익히고 조릴 때는 뚜껑을 연 채 조린다. 여러 재료를 함께 익힐 때는 단단한 재료는 잘게 썰고 부드러운 재료는 크게 썬다.

국. 찌개

내열그릇에 모든 재료를 안치고 양념장이나 양념기름을 만들어 부으면 제맛이 난다.
국물의 양은 적게, 도중에 한 번 섞어준다. 끓일 때 랩을 씌우고 꼬치로 구멍을 내 주도록 한다.

별미밥

두꺼운 내열용기에 부재료를 안치고 분량의 물을 부어 익힌 후 잠깐 그대로 두어 뜸을 들인 후 꺼낸다. 물을 조금만 부어도 재료가 잘 익는다.

잼, 과일주. 피클

대개 과일이나 야채를 이용하여 만드는 것으로 전자레인지를 이용하면 빠른 시간에 맛과 향기를 살린 잼, 과일주, 피클을 만들 수 있다.

사용 가능한 그릇과 안되는 그릇을 철저히 구분한다

내열 유리, 내열 플라스틱, 무늬 없는 도자기는 사용 가능하고, 보통 유리, 일반 플라스틱, 금속장식 도자기, 금속제품 접시는 급격한 온도변화에 의해 변색되거나 불꽃이 튈 염려가 있으므로 사용할 수 없다.

계량 방법 익히기

계량 저울, 계량 컵, 계량 스푼을 이용하면 간 맞추기가 훨씬 쉽다. 그 방법을 익혀보자.

1큰술

1작은술

1/2작은술

계량 스푼으로 계량할 때

★보통 세 개로 구성되어 있는데 1큰술(15cc), 1작은술(5cc), 1/2작은술(2.5cc)짜리 3개와 계량한 다음 윗면을 평평하게 해 주는 납작한 주걱이 한 세트로 되어있다.

★간장이나 기름, 술 같은 액체 종류와 소금, 설탕 같은 가루 종류를 잴 때의 방법이 조금씩 다르므로 재료에 따라 정확하게 계량하는 방법을 알아두도록 한다.

앉은뱅이 저울 또는 계량 컵으로 계량할 때

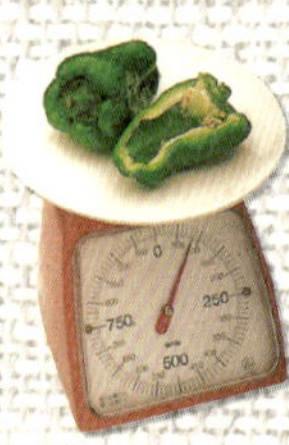

앉은뱅이 저울 고기나 야채, 두부 등 컵으로 잴 수 없는 재료들, 그리고 1컵 분량 이상 되는 가루제품 등은 저울로 재는 것이 정확하고 편리하다. 조리용으로는 1~2kg까지 잴 수 있는 앉은뱅이 저울이 비교적 정확하고 눈금을 읽기도 쉽다. 평평한 장소에 저울을 놓고 눈금이 0에 있는지 확인한 다음 재료를 올려놓고 잰다.

계량 컵 기본 분량은 1컵이 200cc, 종류에 따라 1컵짜리, 2컵짜리 등이 있다. 액체를 잴 때는 속이 비치는 투명한 것으로 된 것이 좋다. 계량 컵으로 국물이나 간장 같은 액체를 잴 때는 액체가 흔들리지 않게 반드시 평평한 장소에서 재야 한다.

액체를 잴 때

많은 양의 액체를 잴 때는 컵을 이용하지만 적은 양을 가늠할 때는 1큰술, 1작은술로 표시되어 있다. 보통 한 컵은 200cc이며 국이나 찌개 등 국물 음식의 국물 양을 잴 때는 500cc짜리 큰 컵을 사용한다. 200cc 분량은 작은 우유 1팩 정도를 말한다.

★**1큰술·1작은술** 스푼 가장자리에 넘치지 않을 정도까지 담는다. 즉, 표면에 찰랑찰랑할 정도가 정확한 양이다. 1작은술도 같은 요령으로 재면 된다.

★**1/2큰술** 스푼 바닥이 오목하게 곡선을 이루고 있으므로 스푼 높이의 절반보다 약간 올라올 정도로 액체를 담았을 때의 양이다.

★**1/3큰술**은 1작은술과 같은 양이므로 되도록 1작은술 짜리 계량 스푼을 사용하는 게 정확하다. 부득이 1큰술 짜리를 사용할 경우에는 1/2큰술을 잴 때와 마찬가지로 스푼의 1/3 높이보다 약간 높은 정도로 액체를 담는다.

가루를 잴 때

조미료로 사용하는 설탕, 소금, 밀가루, 녹말가루 등 가루로 된 재료를 잴 때 가장 많이 쓰이는 조리기구가 계량 스푼이다. 계량 스푼은 1큰술, 1작은술, 1/2작은술로 표시되어 있으므로 실수가 없도록 하자. 보통 1큰술이 15cc, 1작은술이 5cc이므로 1작은술은 1큰술의 1/3분량이다. 커피를 탈 때 사용하는 1티스푼은 1작은술에 해당하는 분량이라고 생각하면 가늠하기가 쉽다. '약간'이나 '조금'이라는 분량은 소량을 말하는 것이므로 1/8작은술 정도를 말한다. 후춧가루 조금이라고 표시되어 있다면 2~3번 뿌리는 정도를 기준으로 하면 된다.

상상하던 그 이상

혼밥에 반하다

초판1쇄 인쇄 | 2018년 1월 20일
2쇄 발행 | 2018년 4월 15일

펴낸곳 | **북플러스**
펴낸이 | 정영국

지은이 | Hungry Grizzly
옮긴이 | 송수진

편집 · 디자인 | 윤영선
교정 · 교열 | 편집부
제작 · 마케팅 | 박용일
원색분해 · 출력 거호프로세스 02)3141-2416

주소 | 서울시 구로구 디지털로 288, 대륭포스트타워1차 508호
전화 | 02-2106-3800~1
팩스 | 02-584-9306
등록번호 제25100-2015-000019호
ISBN 978-89-19-20584-6
ⓒ북플러스 2018 printed in korea

※잘못된 책은 바꿔드립니다